工业和信息化人才培养规划教材

Industry And Information Technology Training Planning Materials

Technical And Vocational Education

高职高专计算机系列

Visual Basic
程序设计教程(项目式)

Visual Basic
Programming Tutorial

陈秀莉 王体英 ◎ 主编
范伟 陈立新 唐毅 ◎ 副主编

人民邮电出版社
北京

图书在版编目（ＣＩＰ）数据

Visual Basic程序设计教程：项目式 / 陈秀莉，王
体英主编. -- 北京：人民邮电出版社，2013.3（2023.2重印）
工业和信息化人才培养规划教材. 高职高专计算机系
列
ISBN 978-7-115-30951-8

Ⅰ. ①V… Ⅱ. ①陈… ②王… Ⅲ. ①
BASIC语言－程序设计－高等职业教育－教材 Ⅳ.
①TP312

中国版本图书馆CIP数据核字（2013）第025304号

内 容 提 要

本书全面介绍了 Visual Basic 语言程序设计所涉及的知识和技能。全书共分为 8 个项目，每个项目包括若干任务，内容包括初识 Visual Basic 语言，Visual Basic 语言基础，Visual Basic 基本程序控制结构，设计用户界面，设计菜单，设计文件操作程序，设计数据库应用程序等。书中所有的任务案例、随堂练习和项目实训题都在 Visual Basic 6.0 中文版上运行通过。

本书既可作为高职高专院校 Visual Basic 程序设计课程的教材，也可作为全国计算机等级考试参考用书，并适合广大计算机程序设计爱好者自学使用。

♦ 主　　编　陈秀莉　王体英
　　副主编　范　伟　陈立新　唐　毅
　　责任编辑　桑　珊
♦ 人民邮电出版社出版发行　　北京市丰台区成寿寺路 11 号
　　邮编　100164　　电子邮件　315@ptpress.com.cn
　　网址　http://www.ptpress.com.cn
　　北京天宇星印刷厂印刷
♦ 开本：787×1092　1/16
　　印张：14.75　　　　　　　　2013 年 3 月第 1 版
　　字数：386 千字　　　　　　2023 年 2 月北京第 11 次印刷

ISBN 978-7-115-30951-8
定价：32.00 元
读者服务热线：(010)81055256　印装质量热线：(010)81055316
反盗版热线：(010)81055315

前　言

在高职高专非计算机专业中开设计算机语言课，不仅能使学生深入理解计算机的工作原理，了解、掌握编程技能，还能培养、锻炼学生用计算机分析问题的思维方法和处理问题的实际能力。Visual Basic 编程语言因具有易学易用、使用图形界面等优点，成为了受高职高专院校工科类专业欢迎的入门级计算机语言。

本书是针对高职高专院校的教学特点，采用"教、学、做一体化"的教学方法，为培养高端应用型人才编写的。本书以实际项目案例为主线，引入 CDIO 工程教育模式。全书由 8 个项目构成，每个项目划分为若干任务，在每个任务中，先提出和分析任务，再引入相关知识，运用相关知识进行任务实施，最后分析总结，并对读者提出相应的学习要求和指导。每个项目后都包括项目实训和项目练习。

本书作者有丰富的高职高专教育教学经验和企业工作经验，多次参加过国内外高职高专先进教育教学理念的学习研讨，多次完成了教育教学改革与研究工作。

本书的主要特点如下。

1．实际项目开发与理论教学紧密结合

为了使读者能快速地掌握相关技术，并按实际项目开发的要求熟练运用，本书在每个任务实施后面都设计了以实训为主的随堂练习，以加深读者对相关知识的理解。

2．合理、有效的组织

本书在编排上采用由浅入深、循序渐进的方法，各项目内按照提出项目任务、进行任务分析、引入相关知识、进行任务实施、进行任务总结、布置随堂练习、完成项目实训和项目练习的顺序构成，实现了理论知识讲解与实践操作合二为一，有助于"教、学、做一体化"教学的实施。

3．内容精练、充实、实用

本书精选典型的项目、任务，由解决简单问题到实现复杂功能，前后呼应，从易到难，围绕实际任务导入相关知识，概念阐述清晰、通俗易懂。全书内容涵盖了 Visual Basic 6.0 编程语言从基本知识、程序结构到用户界面设计、数据文件和数据库编程等。书中选取的项目任务具有实用性，每个任务案例都经过上机调试运行通过。

本书全部实例的源代码及电子教案均可登录人民邮电出版社教学服务与资源网（www.ptpedu. com.cn）免费下载。

本书由陈秀莉、王体英任主编，范伟、唐毅、陈立新任副主编，陈秀莉编写了前言、项目 1、项目 8，王体英编写了项目 2、项目 5，唐毅编写了项目 3、项目 6，范伟编写了项目 4，陈立新编写了项目 7，陶玲、孙永群为本书的编写提供了意见，陈秀莉统编全稿。

由于编者水平有限，书中难免有错误和疏漏之处，恳请读者批评指正。

编　者
2012 年 12 月

目　录

项目 1

初识 Visual Basic 语言

本项目主要介绍 Visual Basic 程序设计语言的基础知识。通过简单的编程和上机调试任务分析、执行和总结，初步认识 Visual Basic 语言的特点、集成开发环境、程序编写的基本概念和基本步骤、窗体和基本控件对象以及程序调试方法。

【学习目标】

1. 了解 Visual Basic 语言和面向对象的概念。
2. 熟悉 Visual Basic 集成开发环境。
3. 掌握 Visual Basic 程序的编写、调试和运行步骤，掌握程序的调试和错误处理方法。
4. 掌握窗体、标签、文本框和命令按钮的使用。

任务 1 设计一个简单 Visual Basic 应用程序

一、任务分析

学习 Visual Basic 最好的方法是实践，让我们首先动手设计一个简单的应用程序，来认识 Visual Basic 的特点。本任务是编写一个简单的字幕显示程序，它由一个窗体、一个标签、一个文本框和一个命令按钮对象组成。如图 1-1 所示，当用户单击标题为"显示"的命令按钮时，文本框中出现一行文字"Visual Basic 6.0"。

二、相关知识

（一）Visual Basic 6.0 的基本概念

1. Visual Basic 6.0 的简史

VB 是 Visual Basic 的简称，"Visual"是"可视化的"的意思。VB 是 Microsoft 公司

于 1991 年推出的基于窗口的可视化程序设计语言。VB 的语法与 BASIC 语言的语法基本相同，因此 VB 也具有易学易用的特点；此外它还提供了一套可视化设计工具，大大简化了 Windows 程序界面的设计工作；同时其编程系统采用了面向对象的编程思想和事件驱动机制，与传统的 BASIC 语言有很大的不同。自从 VB 6.0 问世以后，有 VB.Net、VB.Net 2002、VB.Net 2005 和 VB.Net 2008 相继问世。但 VB 是基于 COM（Common Object Model）平台的，而 VB.Net 是基于.Net Framework 平台的，VB.Net 制作的程序运行时需要计算机安装 Microsoft .Net Framework 运行库。本书介绍的是 VB 6.0，它简单易学、效率高，且功能十分强大，应用 VB 6.0 可以完成从小的应用程序到大型的数据库管理系统、多媒体信息处理，以及功能强大的 Internet 应用程序等各项任务。

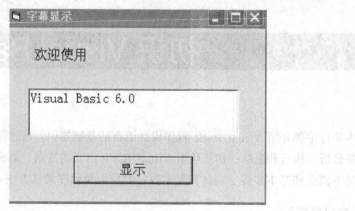

图 1-1　程序运行界面

2．基于面向对象的可视化设计工具

VB 程序设计是基于对象，对象是 VB 应用程序的基础构件。在 VB 集成开发环境中，许多对象都是可见的，编程人员只需利用其所提供的工具，根据设计要求，直接在屏幕上"画"出窗体、文本框、命令按钮等不同类型的控件对象，并为对象设置属性值，用这种"所见即所得"的方式就可实现个性化的界面。

3．事件驱动的编程机制

传统的面向过程的程序是按照程序事先设计的流程来运行的，但在 VB 图形化用户界面的应用程序中，用户的动作（触发事件）控制着程序的运行流程。例如，当用户单击"显示"命令按钮，触发该命令按钮的单击事件，即执行 Command1_Click()事件过程。每个事件驱动一段程序的运行，程序员只需编写响应事件的代码，各个事件之间不一定有关联，这样的应用程序代码较短，既易于编写又易于维护。

（二）Visual Basic 6.0 的基本控件

创建 VB 应用程序的第一步是创建用户界面。用户界面的基础是窗体，各种控件对象必须建立在窗体上。其中最简单、最基本的控件对象有标签、文本框和命令按钮。标签（Label）可以显示文本，但不能修改文本；文本框（TextBox）既能显示文本又能编辑文本；命令按钮（Command）是使用的最多的控件对象之一，常常用它来接受用户的操作信息，触发相应的事件过程，实现下一个指定的操作功能。有关窗体控件等相关知识将在本书下一项目中详细介绍。

三、任务实施

1. 设计用户界面并设置控件属性

打开 VB 集成开发环境，新建工程，在如图 1-2 所示的程序设计时的界面，利用左边工具箱上的 Label、TextBox、Command 控件图标，在窗体上建立控件对象，并在右边的属性窗口进行相关属性设置。

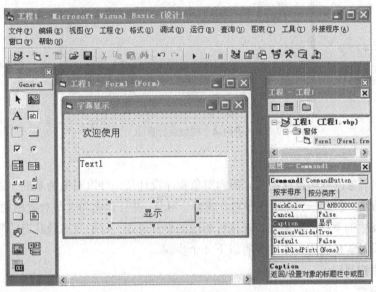

图 1-2　程序设计时的界面

2. 编写事件过程

双击标题为"显示"的命令按钮 Command1，打开代码编辑窗口，如图 1-3 所示编写事件过程代码。

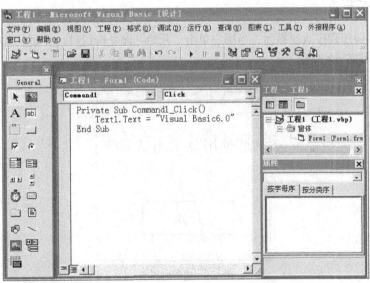

图 1-3　代码编辑窗口编写事件过程代码

3．运行程序

单击菜单"运行"→"启动"，出现如图 1-4 所示的运行界面，单击"显示"命令按钮，如图 1-5 所示在文本框中显示字幕"Visual Basic 6.0"。

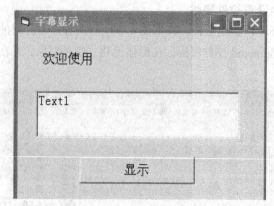

图 1-4　初始运行界面

【总结】

VB 是面向对象的程序设计语言，面向对象程序设计是一种以对象为基础，以事件来驱动对象的程序设计方法。它将一个应用程序划分成多个对象，并且建立与这些对象相关联的事件过程。通过对象对所发生的事件产生响应，来执行相应的事件过程，以引发对象状态的改变，从而达到处理的目的。设计 VB 应用程序主要有以下 4 个步骤。

（1）设计用户界面。

（2）设置属性。

（3）编写代码。

（4）保存和运行调试程序，生成 EXE 文件。

四、随堂练习

设计简单的应用程序欢迎界面，当用户单击"开始"命令按钮时，界面中出现"欢迎使用算术测试系统"，如图 1-5 所示。

图 1-5　运行时界面

任务 2　熟悉 Visual Basic 程序的上机过程

一、任务分析

本任务是在 Visual Basic 6.0 集成编译环境中创建一个字幕动画演示程序，要求程序运行后，在窗体的标签中显示一串文字，单击窗体则标签中文字字体大小增加一个字号。

二、相关知识

在 Visual Basic 6.0 集成开发环境中可以进行程序设计、编辑、编译、调试和运行等工作。如图 1-6 所示 Visual Basic 6.0 集成开发环境的顶部有标题栏、菜单栏和工具栏；下部有几个子窗口：工具箱、窗体窗口、工程窗口、属性窗口和窗体布局窗口，在操作过程中，这些子窗口可以被随时关闭或打开。下面对 Visual Basic 6.0 集成开发环境中的各元素做一一介绍。

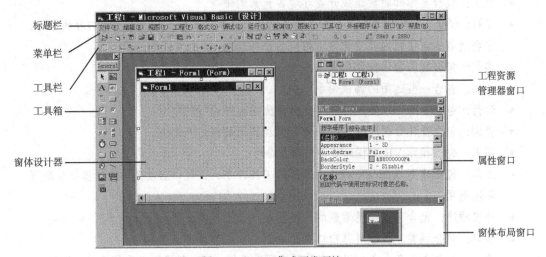

图 1-6　VB 6.0 集成开发环境

1．标题栏

标题栏用来显示窗口的标题。启动 VB 6.0 后，标题栏显示的信息是："工程 1 - Microsoft Visual Basic［设计］"，表示现在处于"工程 1"的设计状态。方括号内的信息随着工作状态的不同而改变。例如，运行一个工程时，［设计］将变成［运行］。

2．菜单栏

菜单栏中包含了使用 VB 6.0 所需的命令。菜单栏中共有 13 个菜单项，每个菜单项都有一个下拉菜单，内含若干个菜单命令，单击某个菜单项，即可打开该菜单，单击某个菜单中的某一条，就执行相应的命令。

- 文件：包含打开和保存工程，以及生成可执行文件的命令，另外还列出了一系列最近打开过的工程，如图 1-7 所示。

图 1-7 "文件"菜单

- 编辑：包含编辑命令和一些格式化、编辑代码的命令，以及其他编辑功能命令。
- 视图：包含显示和隐藏集成开发环境各元素的命令。
- 工程：包含在工程中添加和删除各种工程组件，显示当前工程的结构和内容的命令。
  它会随着当前工程内容变化显示相应的命令选项。
- 格式：包含对齐窗体控件的命令。
- 调试：包含一些通用的调试命令。
- 运行：包含启动、设置断点和终止当前应用程序运行的命令。
- 查询：包含操作数据库时的查询命令以及其他数据访问命令。
- 图表：包含操作 VB 工程时的图表操作命令。
- 工具：包含建立 ActiveX 控件所需要的工具命令，并可以启动菜单编辑器以及配置
  环境选项。
- 外接程序：包含可以随意增删的外接程序。
- 窗口：包含调整、控制屏幕窗口布局命令。
- 帮助：菜单中的各个命令用于启动联机帮助系统。VB 联机帮助系统提供了近 1GB
  的技术信息，是学习和使用 VB 的有力工具。

3. 快捷菜单

快捷菜单没有显式地出现在集成开发环境中。在对象上单击鼠标右键即可打开快捷菜单。在快捷菜单中列出的命令清单取决于单击鼠标右键所在环境。例如，在"工具箱"上单击鼠标右键时显示的快捷菜单，如图 1-8 所示，可以在其中选择"部件"命令，打开"部件"对话框；或选择"隐藏"命令，把工具箱隐藏起来等，使用快捷菜单可使操作更便捷。快捷菜单也称为弹出式菜单或上下文菜单。

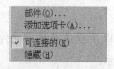

图 1-8 工具箱的快捷菜单

4．工具栏

工具栏以图标按钮的形式提供了常用的菜单命令。单击工具栏上的按钮，则执行该按钮所代表的操作。按照默认规定，启动 VB 之后显示"标准"工具栏。附加的编辑、窗体设计和调试的工具栏可以通过"视图"菜单中的"工具栏"命令进行移进或移出。

"标准"工具栏各按钮的作用如图 1-9 所示。

图 1-9　"标准"工具栏

5．工具箱

工具箱提供了一组在设计时可以使用的控件，这些控件以图标的形式排列在工具箱中，如图 1-10 所示。Visual Basic 6.0 启动时，一般在工具箱中装载一些基本控件（标准控件），用户可选择菜单"工程"→"部件"命令来新增控件。双击工具箱中的某个控件图标，或单击控件图标后按住鼠标左键在窗体上拖动，即可在窗体上做出一个这种控件对象。

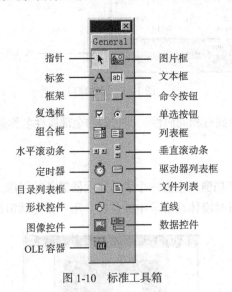

图 1-10　标准工具箱

6．窗体窗口

窗体窗口也称为对象窗口，主要用来设计应用程序的界面，用户可以在窗体上通过添加控件对象来构造界面的外观。例如，当新建一个工程时，Visual Basic 自动建立一个新窗体，并命名为 Form1。

7．工程资源管理器窗口

Visual Basic 把一个应用程序称为一个工程（Project），而一个工程又是各种类型的文件的集合，这些文件包括工程文件（.vbp）、窗体文件（.frm）、标准模块文件（.bas）、类模块文件（.cls）、资源文件（.res）、ActiveX 文档（.dob）、ActiveX 控件（.ocx）、用户控件文件（.ctl）和属性页文件（.pag）。

需要指出的是，并不是每一个工程都要包括上述所有文件，Visual Basic 6.0 的一个工程至少包括两个文件，即工程文件（.vbp）和窗体文件（.frm）。至于一个工程要包括多少种文件，由程序设计的复杂程度而定。在工程资源管理器窗口中列出当前工程所包含的文件清单。

8. 属性窗口

属性是指对象（窗体或控件）的特征，如大小、名称、标题、颜色、位置等。属性窗口列出了被选定的一个对象的所有属性。如图 1-11 所示，属性窗口包含对象下拉列表框、属性列表和属性说明栏。对象下拉列表框显示当前选定对象的名称和类型，单击对象下拉列表框右端的小箭头，可列出当前工程全部对象的名称和类型，切换不同的对象，属性列表也随之切换。属性列表的左列显示当前所选对象的全部属性名称，右列可查看和修改属性值。属性列表中的属性名称既可以按字母顺序排列，也可以按分类顺序排列。当单击某一属性名称时，属性说明栏同时显示对这一属性的简短文字说明。

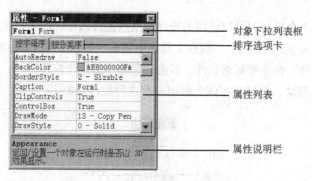

图 1-11　属性窗口

注意：同一类型的对象拥有相同属性，即它们的全部属性名称是一样的，但可以为它们设置不同的属性值。

9. 窗体布局窗口

如图 1-12 所示，窗体布局窗口中有一个表示显示器屏幕的图像，屏幕图像上又有表示窗体的图像，它们标识了程序运行时窗体在屏幕中的位置。用户可拖动窗体图像调整其位置。

图 1-12　窗体布局窗口

10. 其他窗口

Visual Basic 集成开发环境中，除了上述几种常用窗口外，还有其他一些窗口，包括立即窗口、对象浏览窗口和监视器窗口等。这些窗口将在本书后续项目中介绍。

三、任务实施

1. 新建工程

单击 Microsoft Visual Basic 6.0 快捷图标，启动 VB 6.0 后，显示如图 1-13 所示的"新建工程"对话框。

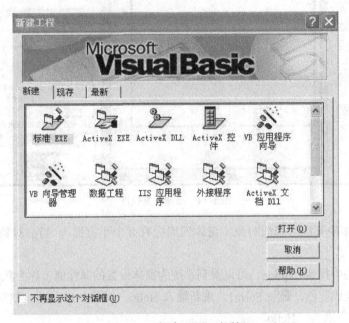

图 1-13 "新建工程"对话框

在"新建工程"对话框中选择"标准 EXE"，单击"打开"按钮，进入如图 1-6 所示的 VB 6.0 集成开发环境主界面。新建一个工程名称为"工程 1"的标准工程，同时系统提供一个窗体名和标题名均为"Form1"的窗体。

2. 添加标签

（1）双击工具箱中的标签图标，一个标签控件就出现在窗体的中心位置上了，如图 1-14 所示。标签中显示的文本为"Label1"，这是系统给的默认值，标签的大小也是系统的默认值。

（2）标签四周的 8 个小方块是"调整控制点"，角上的控制点可以同时调整水平和垂直两个方向的大小，而边上的控制点调整水平或垂直一个方向的大小。将光标移到控制点上，光标变成双向箭头，按下鼠标左键进行拖动，使标签的高宽合适。

（3）将光标移到标签上，按下鼠标左键进行拖动，可以把标签移到窗体中的合适位置。

到此，我们已建立一个窗体、一个标签共两个对象。接下来为对象设置属性：将窗体的 Caption（标题）属性值设置为"Hello"，标签的 Caption（标题）属性值设置为空，标签的 Font（字体）属性值设置为"四号"，标签的 AutoSize（自动匹配字体）属性值设置为"True"，使对象的外观更美观实用。

3. 设置属性

（1）按 F4 键，打开属性窗口（若属性窗口已经打开，本步操作可省去）。

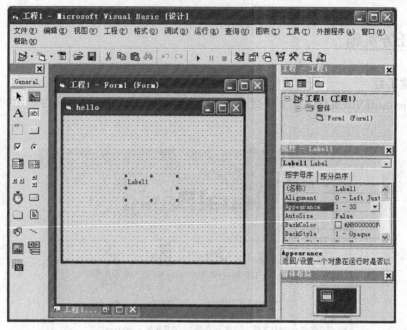

图 1-14　添加标签控件

（2）单击窗体使其成为当前对象（窗体四周应有 8 个小方框）。当前对象又称为被选中的对象。

（3）在属性表中找到 Caption，可以看到系统为窗体设置的属性值（称为默认值）为 Form1，单击此行，此行变成蓝色，删除 Form1，重新输入 Hello，如图 1-15 所示。这时可以看到窗体的标题已由"Form1"改为"Hello"。

图 1-15　将 Form1 的 Caption 属性值改为 Hello

（4）用上述方法同样可以设置标签的属性。此外，另一种较常用的设置控件属性的方法：单击属性窗口中对象下拉列表框右端的小箭头，列出当前工程全部对象的名称和类型，从中选取要设置属性的对象，我们选取"Label1 Label"（标签），属性窗口中列出的内容就变成了该标签的属性清单，从中找到 Caption 属性，将其属性值 Label1 删除，即清空标签标题。

（5）在属性窗口属性清单中找到标签 Label1 的 Font 属性并单击它，右侧出现一个按钮，单击这个按钮打开"字体"对话框，如图 1-16 所示。字体的大小选用四号，单击"确定"按钮，关闭"字体"对话框。

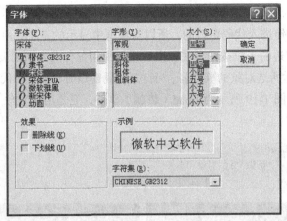

图 1-16　"字体"对话框

（6）在属性窗口中，找到标签 Label1 的 AutoSize 属性并单击它，右侧出现一个下箭头按钮，单击这个按钮打开"选项"列表框，单击选择"True"，如图 1-17 所示。

图 1-17　"属性"对话框

4．编写事件过程代码

前面的工作把应用程序的界面设计好了，属性也设置完毕。但现在应用程序并不能实现实际的功能。为了使它具有一定的功能，还必须为对象编写实现某一功能的事件过程代码。按照要求，要在窗体的装载事件中编写代码，使标签中显示一串文字，在窗体的单击事件中编写代码使标签中文字字体大小增加 1。

现在开始编写事件过程代码。

（1）双击窗体 Form1，打开代码窗口，程序代码就在这里编写，如图 1-18 所示。

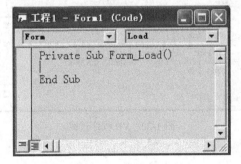

图 1-18　代码窗口

"对象列表框"显示所选定对象的名称。单击右边的下拉按钮，则显示此窗体中全部对象的名称。由于我们是双击按钮进入代码窗口的，所以对象框中显示的是 Form1。如果现在要对其他对象编写代码，可单击右边的下拉按钮，在列出的对象中用鼠标选定所需要的对象。

"事件列表框"显示所选对象的事件名。当打开代码窗口时，系统在代码编辑区自动给出了事件过程的首行和末行。图 1-19 所示为 Load（装载）事件，它是所选对象 Form1 的默认事件名。编写如下事件过程：

```
Private Sub Form_Load ()
    Label1. Caption = "认识VB的对象和事件"
End Sub
```

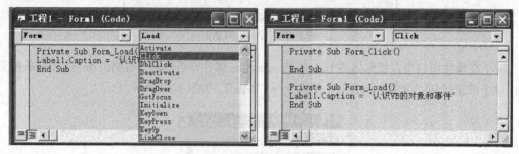

图 1-19　在代码窗口选择事件名称

如果现在要编写其他的事件过程，可单击右边的下拉按钮，在列出的所有事件名中，用鼠标单击所需的事件名即可。

（2）单击"事件列表框"右边的下拉按钮，在列出的所有事件名中，用鼠标单击事件名"Click"（单击），系统在代码编辑区自动给出了事件过程的框架（首行和末行）。

其中 Form_Click 是事件过程名，表示这是窗体对象 Form1 的 Click 事件过程。我们就在 Private Sub Form_Click()和 End Sub 两行之间输入代码，根据要求，编写如下事件过程：

```
Private Sub Form_Click()
    Label1.FontSize=Label1.FontSize+1
End Sub
```

VB 程序代码由一条一条的语句构成，如图 1-20 所示。至此，程序代码编写完毕，现在可以运行程序了。

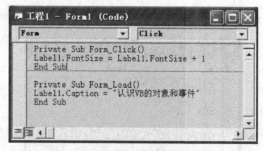

图 1-20　VB 程序代码

5. 运行应用程序

（1）从"运行"菜单中选择"启动"命令，屏幕出现图 1-21 所示的运行界面。

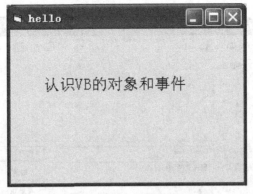

图 1-21 任务 2 运行界面

（2）在如图 1-21 中所示的窗体中单击一次，标签中的文字"认识 VB 的对象和事件"字体就增大一个字号，如图 1-22 所示。

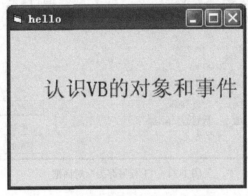

图 1-22 单击窗体后任务 2 运行结果

（3）从"运行"菜单中选择"结束"命令或单击运行界面的关闭按钮，结束应用程序的运行，返回程序设计界面。

6．保存应用程序

一个 VB 应用程序（工程）至少有如下两种文件需要保存：

- 窗体文件（.frm）；
- 工程文件（.vbp）。

这两种文件都是文本文件，可以用"Word"、"记事本"等文字编辑软件打开查看。窗体文件（.frm）包含了对象的描述、事件过程等信息，工程文件（.vbp）包含了应用程序（工程）内所有文件的名称和存放目录等信息。这两种文件必须在 VB 环境才能运行。

（1）保存窗体文件，从"文件"菜单中选择"保存工程"命令，屏幕出现"文件另存为"对话框，如图 1-23 所示。选择保存在文件夹"al1-2"，输入窗体文件名（如 Form1.frm），然后单击"保存"按钮。

（2）保存工程文件，接着屏幕出现"工程另存为"对话框，如图 1-24 所示。选择保存在文件夹"al1-2"，输入工程文件名（如工程 1.vbp），然后单击"保存"按钮。

建议将工程文件和窗体文件保存在同一个文件夹中。

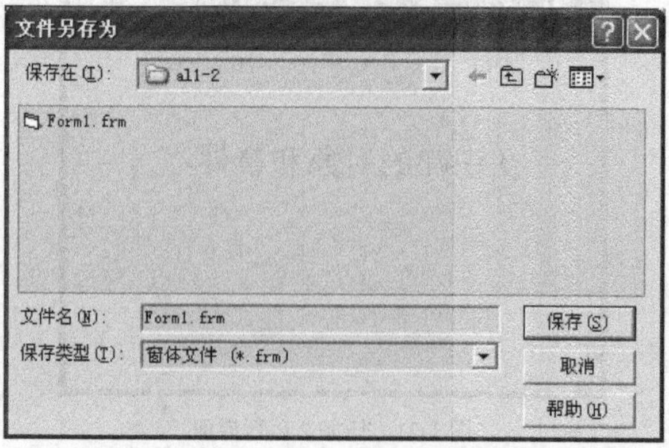

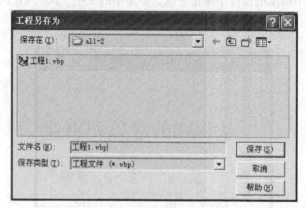

图 1-23 "文件另存为"对话框

图 1-24 "工程另存为"对话框

7. 生成 EXE 文件

前面保存的应用程序（工程文件）只能在 VB 环境中运行。将它编译成 EXE 文件，就可以脱离 VB 环境直接在 Windows 环境中运行该程序。选择"文件"菜单中的"生成工程 1.exe"命令，出现"生成工程"对话框，如图 1-25 所示，选择保存位置文件夹，输入文件名，单击"确定"按钮。

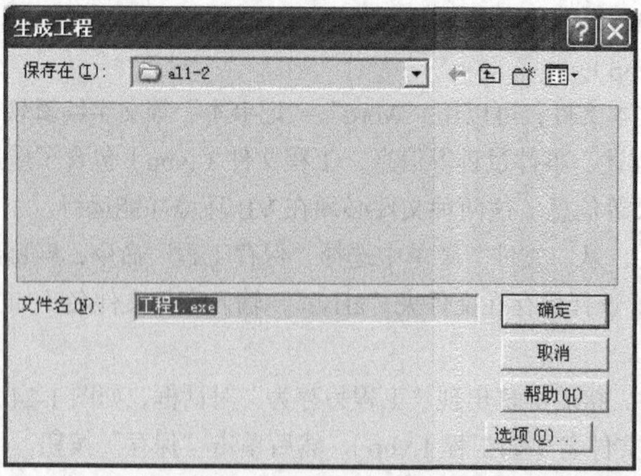

图 1-25 "生成工程"对话框

8．退出 VB 系统

选择"文件"菜单中的"退出"命令。通常情况下，退出系统会提示是否保存工程文件，此时可以根据需要选择即可。

【总结】

VB 6.0 集成开发环境是一组工具软件，它是集应用程序设计、编辑、编译和运行调试等多种功能于一体的环境。主窗体包括有标题栏、菜单栏和工具栏；子窗体有工具箱、窗体窗口、代码窗口、工程窗口、属性窗口和窗体布局窗口等。根据程序设计的需要，这些子窗口可以被关闭或打开。

四、随堂练习

设计简单的应用程序界面，当用户单击"字体放大"命令按钮时，标签中的文字"设置对象的属性值"字号增加 2，当用户单击"字体缩小"命令按钮时，标签中的文字"设置对象的属性值"字号减少 2，如图 1-26 所示。

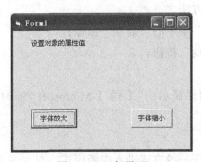

图 1-26　运行界面

任务 3　程序的运行调试与错误处理

一般情况下，程序很少能一次性运行通过，因为程序中难免会有各种错误出现。程序中的错误是由它所解决实际问题的复杂性和本身逻辑结构的复杂性决定的。对于程序中的错误不能置之不理，必须加以排除，否则程序将出现运行错误或得出错误的结果。

一、任务分析

运行调试程序即运行工程，尽可能地发现程序中存在的错误和问题，排除错误、使程序能够正常运行。

二、相关知识

（一）Visual Basic 的 3 种工作模式

Visual Basic 有设计模式、运行模式、中断模式 3 种工作模式。

1．设计模式

在设计模式下可以进行程序的界面设计、属性设置、代码编写等，标题栏上显示"设计"，在此模式下不能运行程序，也不能使用调试工具。

2．运行模式

执行"运行"菜单中的"启动"命令或单击工具栏上的启动按钮，或者按 F5 键，即由设计模式进入运行模式，标题栏显示"运行"，在此阶段可以查看程序代码，但不能修改。若要修改，必须单击工具栏上的"结束"按钮，回到设计模式，也可以选择"中断"按钮，进入中断模式。

3．中断模式

当程序运行时单击了"中断"按钮，或当程序出现运行错误时，都可以进入中断模式，在此模式下，运行的程序被挂起，可以查看代码、修改代码、检查数据。修改结束，单击"继续"按钮可以继续程序的运行，也可以单击"结束"按钮停止程序的执行。

（二）运行调试工程

1．运行程序

运行程序，可用下列 3 种方法之一：

（1）选择主窗口的"运行"菜单的"启动"命令；

（2）单击工具栏中的"启动"按钮；

（3）按 F5 键。

在程序运行过程中，标题栏显示："工程 1-Microsoft Visual Basic[运行]"，表示进入运行模式。

2．暂停运行

若程序有错误，可用以下任一种方式进入中断模式，对程序进行调试：

（1）选择"运行"菜单的"中断"命令；

（2）按 Ctrl+Break 组合键；

（3）选择工具栏上的中断图标。

进入中断模式，标题栏显示："工程 1-Microsoft Visual Basic[break]"，若要继续运行，可直接按 F5 键，或选取"运行"菜单的"继续"命令。若要重新运行，按 Shift+F5 组合键或选择"运行"菜单的"重新启动"命令。

3．结束程序运行

结束程序运行返回设计模式的方法为：

（1）选择"运行"菜单的"结束"命令；

（2）选择工具栏上的结束图标；

（3）按程序的结束按钮或程序窗口的关闭按钮。

（三）Visual Basic 的错误分类

Visual Basic 中的错误可分为编辑时的错误、编译时错误、运行时错误和逻辑错误。

1．编辑时错误

当用户在代码窗口编辑代码时，VB 会对程序进行语法检查，当发现语句没有输完、关键字输入错误等情况时，系统会弹出对话框，提示出错，并在错误处加亮显示，以便用户修改。

2．编译时错误

编译时错误是指用户单击了"启动"按钮，VB 开始运行程序前，先编译执行的程序段时产生的错误，此错误是由于用户未定义变量、遗漏关键字等原因而产生的。发现错误时系统会停止编译，提示用户修改。

3．运行时错误

指 VB 在编译通过后，运行代码时发生的错误，一般是由于指令代码执行了非法操作引起的，如数据类型不匹配、试图打开一个不存在的文件等。系统会报错并加亮显示、等候处理。

4．逻辑错误

如果程序运行后得不到所希望的结果，则说明存在逻辑错误，如运算符使用不正确，语句的次序不对，循环语句的起始、终值不正确。这种错误系统不会报错，需要用户自己分析判断。

（四）Visual Basic 的调试窗口

Visual Basic 的调试窗口分为立即窗口、本地窗口和监视窗口。

1．立即窗口

这是调式窗口中使用最方便、最常用的窗口。可以在程序中用 Debug.Print 方法，把输出送到立即窗口，也可以在该窗口中直接使用 Print 语句或? 显示变量的值。

2．本地窗口

该窗口显示当前过程中所有变量的值，当程序的执行从一个过程切换到另一个过程时，该窗口的内容发生改变，它只反映当前过程中可用的变量。

3．监视窗口

该窗口可显示当前的监视表达式，在此之前必须在设计阶段，利用调试菜单的"添加监视命令"或"快速监视"命令添加监视表达式，以及将设置的监视类型在运行时显示在监视窗口，根据设置的监视类型进行相应的显示。

三、任务实施

1．设计模式下的错误处理

在程序代码窗口输入程序语句时，系统会对输入的程序语句语法进行自动检查。如果发现语法错误，系统会检查出来，显示"编译错误"并提示用户纠正。如图 1-27 所示，表达式未输入完毕，按了回车键，系统弹出的对话框，提示错误信息。

图 1-27　发现语法错误和"编译错误"对话框

单击"确定"按钮，关闭错误提示对话框。出错的语句以红色字体显示，如图 1-27 所示的语句"+"后添一个运算量使表达式完整，该语句文字即变为正常的黑色。

2．运行模式下的错误处理

程序没有语法错误，但在运行模式下，执行了非法操作而出错，当单击"调试"按钮，程序停留在引起错误的那一句上，要求用户修改。如图 1-28 所示，字符串"当前字号为:"与数值型变量 Label1.FontSize 用"+"运算符连接，运行时出错弹出运行错误提示对话框。

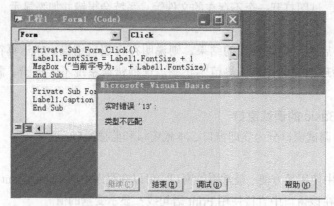

图 1-28　运行错误提示

单击"调试"按钮，程序停留在引起错误的语句上，如图 1-29 所示，此时，将"+"改为"&"，单击"继续"命令 ，程序继续执行下面的语句。

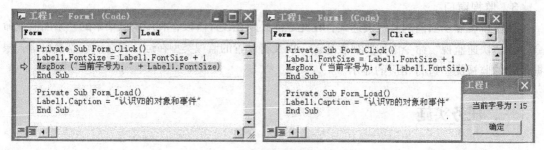

图 1-29　修改错误继续运行

3．分析程序运行结果发现逻辑错误

在程序编译和运行时均没有发现错误，但程序正常运行后得不到预期的结果。例如，上述程序中将语句"Label1.FontSize=Label1.FontSize＋1"输入为"Label1.FontSize=Label1.FontSize－1"，程序运行后，单击窗体后所得到并非预期的效果，因为程序存在逻辑错误。

通常逻辑错误没有提示信息，只能通过仔细阅读分析程序来检查错误。在调试程序时通常会设置断点来中断程序运行然后逐语句跟踪检查相关变量、属性和表达式的值等，也可利用 Debug.Print 方法在"立即"窗口显示相关变量的值的方法来找出错误所在。

● 设置断点。

选择怀疑错误的语句作为断点，用如下方法设置断点。

方法一：在需要设置断点的语句左侧灰色区单击鼠标左键，如图 1-30 所示。（单击断点即取消。）

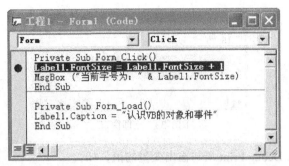

图 1-30 设置断点

方法二：按 F9 键，在光标所在的语句设置断点，如图 1-30 所示。

设置断点后，单击"启动"按钮运行程序，程序运行到该断点处暂停，进入中断模式，若把光标指向在此之前要关注的变量、属性、表达式处，稍微停一下，鼠标下方便显示该变量或属性的值，如图 1-31 所示。单击"继续"程序将继续运行。

图 1-31 显示属性的值

● 逐语句跟踪。

设置断点程序执行进入中断模式用户可以逐语句执行，跟踪断点以后语句的执行情况，可按 F8 键或选择"调试"菜单的"逐语句"执行命令，如图 1-32 所示。

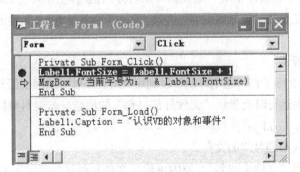

图 1-32 中断和逐语句跟踪

● Debug.Print 方法。

在程序代码中利用 Debug.Print 把输出送到立即窗口，也可以在立即窗口中使用 Print 或? 显示变量的值，如图 1-33 所示。本地窗口用于显示当前过程中所有变量的值，如图 1-34 所示。

图 1-33　立即窗口

（1）在程序中加入 Debug.Print 语句输出变量的值，如：

Debug.Print Label1.FontSize

这样 Label1.FontSize 的值出现在"立即"窗口中。

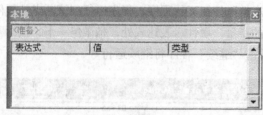

图 1-34　本地窗口

（2）中断程序后，在立即窗口中输入？语句，如：

? Label1.FontSize

如图 1-33 所示，Label1.FontSize 的值出现在"立即"窗口中。

程序设计中初学者应注意避免的错误如下。

（1）标点符号错误。

在 Visual Basic 中只允许使用西文半角标点，进入 Visual Basic 后不能使用中文标点符号，否则提示语法错误。

（2）Name 属性和 Caption 属性混淆。

Name 属性的值用于在程序中唯一地标识对象名称，在窗体上不可见，编程时使用；而 Caption 属性的值是在窗体上显示的对象标题内容。例如，有一个标签，Name 属性的值为 Label1，Caption 属性的值为"显示"。

（3）语句书写位置错。

在 Visual Basic 中，除了在"通用声明"段利用 Dim 等对变量声明语句外，其他任何语句都应在事件过程中，否则运行时会显示"无效外部过程"的信息。若要对模块级变量进行初始化工作，则一般放在 Form_Load() 事件过程中。

（4）打开工程时找不到对应的文件。

若打开工程时显示"文件未找到"，原因可能是文件复制时少复制了某个文件（.vbp 工程文件和.frm 窗体文件要一起复制）或已经将窗体文件等改名。

【总结】

Visual Basic 程序的错误类型有编译错误、运行时错误和逻辑错误。对于编译错误、运行时错误运行时系统会给出错误提示信息，逻辑错误系统不会给出提示，要靠编程者仔细阅读和检查程序。调试程序的常用方法有设置断点、逐语句跟踪和使用 Debug.Print 等。

四、随堂练习

新建工程，运行调试程序，发现并修改程序语法错误，试采用设置断点、逐语句跟踪发现并修改程序逻辑错误，或用 Debug.Print 方法分析并修改程序逻辑错误。

项目实训

1. 新建一个工程，在窗体上添加一个文本框（Text1）、两个命令按钮（Command1和 Command2）。在属性窗口中设置文本框的 Text 属性值为空，两个命令按钮的标题分别是"工作"与"休息"。在代码窗口中编写命令按钮的单击事件过程，要求程序运行时，当单击"工作"按钮，文本框中显示"工作中"，当单击"休息"按钮，文本框中显示"休息中"。

图 1-35　实训 1 的运行界面

2. 新建一个工程，在窗体上添加一个标签（Label1）、一个文本框（Text1）、两个命令按钮（Command1 和 Command2）。在属性窗口中设置标签的 Caption 属性值为空，设置文本框的 Text 属性值为空，两个命令按钮的标题分别是"签到"与"退出"。在代码窗口中编写命令按钮的单击事件过程，要求程序运行时，用户在文本框中输入姓名如"孙悟空"，当单击"签到"按钮，标签中显示"欢迎"加文本框中的内容，如"欢迎孙悟空"，如图 1-36 所示；当单击"退出"按钮，结束运行退回设计模式。

图 1-36　实训 2 的运行界面

项目练习

一、选择题

1. 在 VB 6.0 集成环境创建 VB 应用程序时，除了工具箱窗口、窗体窗口、属性窗口外，必不可少的窗口是（　　　）。

    A．窗体布局窗口　　　　　　　　B．立即窗口

    C．代码窗口　　　　　　　　　　D．监视窗口

2. 保存新建的工程时，默认的路径是（　　　）。

    A．My Documents　　　　　　　　B．VB98

    C．\　　　　　　　　　　　　　D．Windows

3. 将调试通过的工程经"文件"菜单的"生成.exe 文件"编译成.exe 文件后，将该可执行文件转到其他机器上不能运行的主要原因是（　　　）。

    A．运行的机器上无 VB 系统所需的动态连接库

    B．缺少.frm 窗体文件

    C．该可执行文件有病毒

    D．以上原因都不对

4. 当需要上下文帮助时，选择要帮助的"难题"，希望出现 MSDN 窗口及显示所需"难题"的帮助信息。应按的键是（　　　）。

    A．Help　　　　　　　　　　　　B．F10

    C．Esc　　　　　　　　　　　　　D．F1

5. 在 Visual Basic 中最基本的对象是（　　　），它是应用程序的基石，也是其他控件的容器。

    A．命令按钮　　　　　　　　　　B．文本框

    C．标签　　　　　　　　　　　　D．窗体

6. 在 VB 环境中，工程文件的扩展名是（　　　）。

    A．.frm　　　　　　　　　　　　B．.bas

    C．.vbp　　　　　　　　　　　　D．.frx

7. 将一个 VB 程序保存在磁盘上，至少会产生的文件是（　　　）。

    A．.doc、.txt　　　　　　　　　B．.com、.exe

    C．.vbp、.frm　　　　　　　　　D．.bat、.sys

8. 下面关于对象的描述中，错误的是（　　　）。

    A．对象就是自定义结构变量

    B．对象代表正在创建的系统中的一个实体

    C．对象是一个状态和操作（或方法）的封装体

    D．对象之间的信息传递是通过消息进行的

9. 下面 4 项中不属于面向对象系统三要素的是（　　　）。

    A. 变量   B. 事件

    C. 属性   D. 方法

10. 下面各种高级语言中，不是面向对象程序设计语言的是（　　　）。

    A. Visual Basic   B. C++

    C. Pascal   D. Java

二、填空题

1. 当进入 VB 6.0 集成环境后，发现没有显示"工具箱"窗口，应选择_____菜单的_____选项，使"工具箱"窗口显示。

2. VB 是一种面向_____的程序设计语言，采用了_____编程机制。

3. 在 VB 中，要显示程序代码，必须在_____窗口；要设计程序的运行界面，必须在_____窗口。

4. 窗体是一种对象，由_____定义其外观，由_____定义其行为，由_____定义其与用户的交互。

5. 对象的属性是指_____；对象的方法是指_____。

6. 在 VB 中，事件过程名由_____和_____构成。

7. 在 VB 中设置或修改一个对象的属性的方法有两种，它们分别是_____和_____。

三、简答题

1. 制作一份演示文稿，内容是 VB 6.0 的产生、发展和特点的介绍。

2. 简述设计 VB 6.0 应用程序一般步骤。

3. 简述对象、属性、事件、事件过程的概念。

4. 如何打开属性窗口？如何打开工具箱窗口？

5. 程序可能发生哪些错误？

6. 指出下面的程序处理什么事件，程序的执行结果是怎样的？

（1）Private Sub Form_Click()

```
Form1.Caption = "VB"
```

    End Sub

（2）Private Sub Command1_Click()

```
text2.Text = ""
```

    End Sub

项目 2

Visual Basic 语言基础

本项目是 Visual Basic 程序设计的基础部分，主要包括 Visual Basic 基本数据类型、常量与变量、运算符和表达式、常用内部函数、数组、窗体和基本控件等内容。

【学习目标】

1. 了解和掌握数据类型分类。
2. 会正确使用各类常量、变量、运算符和表达式。
3. 会使用各种内部函数。
4. 会正确使用数组。
5. 会使用窗体、命令按钮、标签和文本框等控件设计用户界面。

任务 1　了解 Visual Basic 的基本数据类型

一、任务分析

本任务是计算两个整数的和并输出，通过简单的程序了解基本数据类型在 Visual Basic 程序设计中的应用。

二、相关知识

（一）数据的概念

数据是描述客观事物的数值、字符以及各种能输入到计算机中并被计算机程序加工处理的符号。

（二）Visual Basic 数据类型

不同的数据具有不同的特点，即用"数据类型"来表达这种不同。不同的数据类型有以下 3 方面的差异。

（1）数据结构不同。

（2）数据在计算机内的存储方式不同。

（3）数据参与的运算不同。这是不同数据类型的本质特点。

Visual Basic 提供了 11 种基本数据类型，如表 2-1 所示。

表 2-1　Visual Basic 数据类型

数据类型	关键字	类型符	字节数	范围
整型	Integer	%	2	−32768 ~ 32767
长整型	Long	&	4	−2147483648 ~ 2147483647
字节型	Byte	无	1	0 ~ 255
单精度型	Single	!	4	$1.401298E{-}45 \leqslant |x| \leqslant 3.402823E38$
双精度型	Double	#	8	$4.94065645841247E{-}324 \leqslant |x| \leqslant 1.79769313486232E308$
字符型	String	$	与字符数有关	最多 65535 个字符
货币型	Currency	@	8	−922337203685477.5808 ~ 922337203685477.5807
逻辑型	Boolean	无	2	True 或 False
日期型	Date	无	8	100.01.01 ~ 9999.12.31
变体型	Variant	无	不定	根据实际类型而定
对象型	Object	无	4	任何对象引用

（1）整型包括整型和长整型，用于保存不带小数点和指数符号的整数。在 Visual Basic 中，整型取值范围为−32768 ~ +32767，表示形式为 $^{+}_{-}$n[%]，%可省略，如 5、−4、21%都表示整型数；长整型取值范围为−2147483648 ~ +2147483647，表示形式为 $^{+}_{-}$n[&]，如 5&、−4&、12321&都表示长整数。

（2）字节型数据用于存储长度为一个字节的无符号整数，取值范围为 0 ~ 255。

（3）浮点型包括单精度型和双精度型，用于保存带小数点的实数。其类型符分别是"!"和"#"，指数分别用"E"和"D"表示。如−12!、+2.3、−2E3、1.36E-2 都是单精度浮点数，而−12#、+2.3#、−2D3、1.36D-2 都表示双精度浮点数。

（4）字符型存放文本型数据，简称字符串，是用双引号括起来的一串字符，双引号作为字符串的定界符号。包括除双引号和回车以外可打印的所有字符，即引号内的字符是可以输出到屏幕和打印机上的字符。长度为零（不含任何字符）的字符串，称为空字符串。例如："China　World!"、""（空字符串）。双引号内只有空格符的字符串称为空白字符串，例如"　"。

字符串有两种：变长字符串和定长字符串。

① 定长字符串：字符串的长度固定不变（即字符串内所含字符的个数），最大长度不超过 2^{16} 个字符。

② 变长字符串：字符串的长度不固定，随着对字符串变量赋值，它的长度可以发生变化，变化范围：$0 ~ 2^{31}$。

（5）货币型用于保存货币值，最多保留小数点右边4位和左边15位。

（6）逻辑型也叫布尔型，只有两个值：True 和 False，表示成立或者不成立。转换成整型时，True=-1，False=0，将其他类型转换成逻辑型时，非0数转换为 True，0 转换为 False。

（7）日期型（Date）用来存储日期和时间。可包含年、月、日、小时、分钟、秒的信息。日期的大小范围是从0001年1月1日到 9999 年12月31日。表示日期型数据时，必须加定界符"#"，如#12/2/2011 2:10:00 PM#、#2012-1-1#等。

（8）变体型是一种特殊的数据类型，是所有未申明变量的默认数据类型。变体型数据的类型是可变的，可以是前面介绍的任何数据类型。例如：

```
Dim a as variant    '定义 a 为变体型
a="10"              '给 a 赋值字符串
a=a+2               '参与算术运算，值为 12
a="ch" & a          '参与字符串的连接运算，值为"ch12"
```

变体型数据（Variant）是可以随着为它所赋的值的类型而改变自身类型的一类特殊的数据类型，系统默认的数据类型是变体型。

（9）对象型用来表示图形、OLE 对象或其他对象，用 4 字节（32 位）存储，可以引用应用程序或其他应用程序中的对象。

三、任务实施

（1）启动 VB 集成开发环境，创建新的窗体 Form1，如图 2-1 所示。

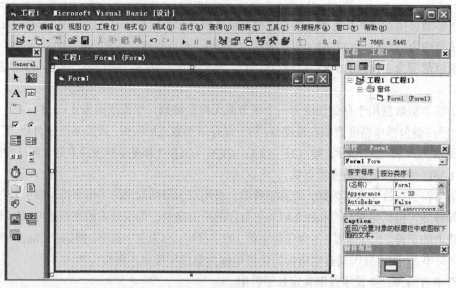

图 2-1　创建新的窗体 Form1

（2）双击窗体，在窗体的单击事件中编写程序，如图 2-2 所示。

（3）单击"运行"按钮，或执行"运行"→"启动"命令，或直接按 F5 键，进入运行状态，单击窗体可得运行结果，如图 2-3 所示。

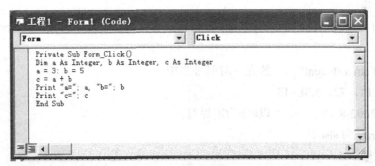

图 2-2　编程代码

图 2-3　运行结果

【总结】

本任务编程代码中有以下语句：Dim a As Integer, b As Integer, c As Integer，它的功能是定义名称为 a、b、c 的 3 个变量，它们的数据类型都为整型（Integer），这是 VB 的一种基本数据类型。

四、随堂练习

1. 分析生活中常用的一些数据适合用哪种数据类型表示：如姓名、性别、出生日期、是否党员、成绩、学生人数等。

2. 计算一个学生 3 门课的平均成绩并输出。

任务 2　使用常量和变量

一、任务分析

本任务是根据输入的半径计算圆面积，通过本任务熟悉常量和变量的定义及使用方法。

二、相关知识

计算机处理数据时，常用的数据形式有两种：常量和变量。

（一）常量

在程序执行的过程中其值始终保持不变的量称为常量。在 VB 中，常量分为两种，文字常量和符号常量。

1．文字常量

文字常量直接出现在代码中，也称为字面常量或直接常量，文字常量的表示形式决定它的类型和值，例如

字符型："I am a student"　　放在一对引号当中。

数值型：3.14，72，5.3E-15。

日期型：#2002-8-7#　　以#作为定界符。

逻辑型：True、False。

2．符号常量

符号常量就是用标识符来表示一个常量，例如，我们把 3.14 定义为 pi，在程序代码中，我们就可以在使用圆周率的地方使用 pi。使用符号常量的好处主要在于，当要修改该常量时，只需要修改定义该常量的一个语句即可。

定义常量的方法为

```
const  常量名 [as 类型]=表达式
```

说明：常量名的命名规则与标识符相同，为了与变量名区分，一般常量名使用大写字母。[as 类型]用以说明常量的数据类型，类型可以是：

Byte	字节型
Boolean	逻辑型
Integer	整数型
Long	长整数型
Currency	货币型
Single	单精度型
Double	双精度浮点型
Date	日期型
String	字符串型

默认[AS 类型]，常量的类型由表达式值的类型决定。

表达式可以是文字常量，也可以是运算符连接文字常量构成的表达式。在一行中说明多个常量时用逗号分开。例如：

```
Const  STR1 as  string="Visual"+"Basic"
Const  N1 = 85, PI as  double=3.1415926
```

符号常量又分为用户自定义常量和系统常量两种。

① 用户自定义常量就是由"Const 常量名 [AS 类型] = 表达式"定义的常量，如 Const MAX=100。

② 系统定义的常量位于对象库中，按 F2 键或执行"视图"→"对象浏览器"命令，打开"对象浏览器"窗口，在不同对象库中查找它们的符号及取值，如图 2-4 所示。

例如，输入 vbred 单击"搜索"按钮，可查到 vbred 值为 255，作用是显示红色。系统定义的常量是全局常量，都以小写字母 vb 开头。在使用标识符时尽量不要使用 vb 加单词的形式，避免和系统常量同名。

图 2-4　对象浏览器窗口

（二）变量

在程序执行过程中，其值可以改变的量称为变量。在 VB 中执行应用程序期间，用变量临时存储数据。变量代表内存中指定的存储单元，变量以标识符命名。

变量有 4 个特性：变量名、数据类型、作用范围和生存周期。

变量有两种形式：属性变量和内存变量。系统自动为控件对象或其他对象创建一组变量，并为每个变量设置默认值，称其为属性变量。内存变量则需要依靠程序编写者根据实际需要加以创建。

使用前一般需要先声明变量名和数据类型，以决定系统为它分配的存储单元。

在 VB 中声明变量有两种形式：显式声明和隐式声明。

1. 显式声明

格式：说明符 变量名 [As 类型]

说明符是说明语句的关键字，它可以是 Dim、Private、Public 和 Static。

Private：定义的是局部变量。

Public：定义的是全局变量。

Static：定义的是静态变量。

这 3 个关键字的用法将在后续项目中做详细介绍。本任务主要介绍 Dim 语句。

例如：

```
Dim a as integer
Dim b as string
Dim c as single
```

这是把变量 a 定义为整数型，变量 b 定义为字符型，变量 c 定义为单精度型。在一个说明语

句中可以同时定义多个变量，用逗号隔开，如上面的 3 个语句可以写为

```
Dim a as integer,b as string, c as single
```

也可以用类型符来定义变量，例如上面的语句可以写成

```
Dim a%,b$,c!
```

以上 3 组语句表示的作用是一样的。

默认[As 类型]的为可变类型。

另外，若把多个变量都定义成同一类型，例如，把 X、Y、Z 都定义成双精度型，必须写成：Dim X as double, Y as double, Z   as double。

如果写成 Dim x,y,z as double，则 x、y 定义长字符为可变类型，z 定义为双精度型。

对于字符型变量，VB 中分为定长和变长两种。例如：

```
Dim name as string, id as string*10
```

定义 name 为变长型，其长度由接收的值决定。id 为定长字符型，长度为 10 个字符。

注意：在 VB 中，汉字与英文字母长度相同。定长字符型接收数据时，不够指定长度的用空格补齐，超过指定长度的部分无效。

2．隐式声明

VB 中使用未加说明的变量时，系统默认为可变类型（Variant），这种方式称为隐式说明。初学者不建议使用。

注意：在通用声明处加 Option Explicit 语句可强制显式声明变量。也可以在"工具"菜单中选择"选项"命令，在"选项"对话框的"编辑器"选项卡中选择"要求变量声明"复选框，这样在使用未申明的变量名时，系统就会发出错误警告。

在对变量进行命名时，必须遵循如下的命名规则。

- 以字母开头，其后可是下划线、字母和数字。
- 长度不能大于 255 个字符（尽可能简明，不要用太长的变量名）。
- 不允许将 VB 的关键字用作变量名（关键字是指系统已经定义的词，如语句、函数和运算符名等）。
- 不允许包括标点符号和空格。
- 不区别变量名中字母的大小写。
- 不能与过程名或符号常量名同名。

三、任务实施

（1）启动 VB 集成开发环境，创建新的窗体 Form1，在窗体中加入两个标签，设置其 Caption 属性分别为"圆半径"和"圆面积"，再加入两个文本框 Text1 和 Text2、一个命令按钮 Command1，设置其 Caption 属性为"计算"，如图 2-5 所示。

（2）双击命令按钮"计算"，在其单击事件中编写程序，如图 2-6 所示。

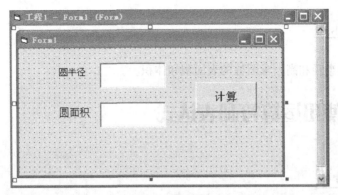

图 2-5　界面设计

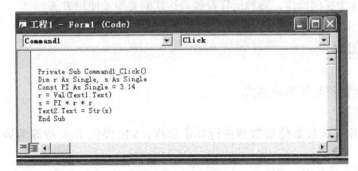

图 2-6　编写程序

（3）单击"运行"按钮，或执行"运行"→"启动"命令，或直接按 F5 键，进入运行状态，在文本框 Text1 中输入圆半径，单击"计算"按钮，可得到圆的面积，如图 2-7 所示。

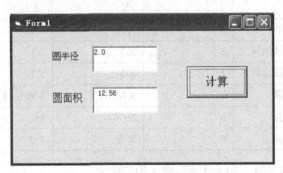

图 2-7　运行结果

【总结】

（1）任务编程代码中有以下语句: Dim r As Single、s As Single 和 Const PI As Single = 3.14，前一句的功能是定义名称为 r、s 的两个变量，它们的数据类型都为单精度型（Single），后一句的功能是定义一个名字为 PI，类型为单精度型的常量，其值为 3.14。val()和 str()是一对类型转换函数，val(text1.text)是将文本框 text1 中的字符型数据转换为数值型数据，str(s)是将数值型变量 s 的值转换为字符型数据。

（2）界面中的两个标签分别用来标识半径和面积，两个文本框用来输入半径和输出面积，命令按钮作为计算面积的单击对象。

四、随堂练习

输入圆柱底面半径和高，求圆柱的表面积和体积。

任务3 使用运算符和表达式

一、任务分析

本任务通过 3 个实例操作，熟悉运算符和表达式的类型及使用方法。

二、相关知识

（一）算术运算符与算术表达式

1. 算术运算符

算术运算符用来连接数值型数据进行算术运算，VB 提供了 8 种算术运算符，如表 2-2 所示。

表 2-2　算术运算符

运 算 符	功　能	优先级	表 达 式	表达式实例	表达方式结果
^	乘方运算	1	X^Y	5^3	125
—	取负	2	–X	–5	–5
*	乘法运算	3	X*Y	3*5	15
/	浮点除法运算	3	X/Y	5/3	1.6666667
\	整数除法运算	4	X\Y	5\3	1
MOD	取模运算	5	X MOD Y	5 MOD 3	2
+	加法运算	6	X+Y	5+3	8
–	减法运算	6	X-Y	5-3	2

（1）乘方：^。取幂运算，如 5^3 表示求 5 的三次方。

（2）取负运算：–。取一个数的相反数，如–5 表示取 5 的相反数。

（3）乘、除：*、/。分别是求两个数的积和商。

（4）加、减：+、–。分别是求两个数的和、差。

以上运算与数学中的意义相同。

（5）整除：\。结果是两整数相除后的整数部分。例如，10\6，结果为 1。

（6）取模运算：MOD。结果是两整数相除后的余数部分。例如，10 MOD 6，结果为 4。

如果参与整除或模运算的两个数是实数，VB 先对小数部分四舍五入取整，然后计算。

例如：

10.4\6.9，转换为 10\7，结果为 1；

10.4 MOD 6.6，转换为 10　MOD　7，结果为 3。

注意：在"MOD"两端应加上空格。

2．算术表达式

由数值型数据和算术运算符连接起来的有意义的式子称为算术表达式。单独的一个数值型数据也是算术表达式。

例如：2+3，2^3，2+a*10，10 MOD 2 等。

在含有多个算术运算符时，应注意其运算优先级。

例如：5+10 MOD 10　\9 / 3 +2 ^2　　结果为 10。

（二）字符串运算符 & 、+ 和日期表达式

1．字符串运算符

字符串只有连接运算，在 VB 中可以用"+"或"&"。

注意："+"和"&"的区别。当两个被连接的数据都是字符型时，它们的作用相同。当数字型和字符型连接时，"&"把数据都转化成字符型然后连接，"+"把数据都转化成数字型然后进行算术加。做字符串连接时，要求"+" 两边必须是字符串，而& 不一定。

例如：

" 123 " + " 456 "	结果为 " 123456 "
" 123 " & " 456 "	结果为 " 123456 "
"abc" & 123	' 结果为 "abc123 "
"abc" + 123	' 出现类型不匹配错误
"123" & 456	' 结果为" 123456 "
"123" +　456	' 结果为　579

注意：　"123 " +　True　' 结果为　122

True 转换为数值-1，False 转换为数值 0。

2．日期表达式

日期表达式由算术运算符"+"和"-"、算术表达式、日期型数据和日期型函数组成。可包含两种情况：

（1）两个日期型数据相减，结果为数值型。（两个日期相差的天数）

例如：#2013-01-10# - #2013-01-01#　　　　'结果为 9

（2）一个日期型数据加上或减去一个表示天数的数值型数据，结果为日期型数据。

例如：#2013-01-10+9　　' 结果为#2013-01-19#

　　　#2013-01-10-9　　' 结果为#2013-01-01#

（三）关系运算符

关系运算符是用来将两个操作数进行大小比较的运算符，返回值为 True 或 False，如表 2-3 所示。

表 2-3　VB 的关系运算符

运　算　符	意　　义	示　　例	返　回　值
=	等于	"ABC"="ABF"	False
>	大于	"ABC">"AF"	False

续表

运 算 符	意 义	示 例	返 回 值
>=	大于等于	"f" >= "Fgh"	True
<	小于	25<45.5	True
<=	小于等于	23<=23	True
<>	不等于	"XYZ"<>"xyz"	True

注意：

（1）如果两个操作数都是数值型，则按其数值大小进行比较；

（2）如果两个操作数都是字符型，则按字符的 ASCII 码值从左到右一一比较，直到出现不同的字符为止；

（3）汉字字符大于西文字符；

（4）关系运算符的优先级相同。

例如："ABCDE" > "ABRA" 结果为 False。

"男" > "女" 按汉字的拼音字母比较。

（四）逻辑运算符

逻辑运算符对逻辑量进行逻辑运算，除 Not 外都是对两个逻辑量运算，结果为逻辑值。表 2-4 列出了 VB 6.0 中的逻辑运算符。

表 2-4　VB 6.0 中的逻辑运算符

运算符	意 义	优先级	说 明	示 例	返回值
Not	取反	1	假变真，真变假	Not 3>2	False
And	与	2	两个操作数均为真时，结果才为真，其余为假	3>2 And 4>5	False
Or	或	3	两个操作数只要有一个为真，结果就为真	3>2 Or 4>5	True
Xor	异或	3	两个操作数为一真一假时，结果为真，否则为假	3>2 Xor 4>5	True
Eqv	等价	4	两个操作数同为真或假时，结果为真，否则为假	3>2 Eqv 4>5	False
Imp	蕴含	5	第一个操作数为真，第二个操作数为假时，结果才为假，其余情况都为真	3>2 Imp 4>5 4>5 Imp 3>2 5>4 Imp 3>2	False True True

注意：如果逻辑运算符对数值进行运算，则以数字的二进制值逐位进行逻辑运算。And 运算常用于屏蔽某些位；Or 运算常用于把某些位置 1。

（五）表达式

1．表达式的组成

表达式由常量、变量、函数、运算符、( ) 按照一定的规则组成的有意义的式子。单独的一个常量或者变量也是表达式。

2．表达式的书写规则

（1）表达式中的每个字符没有高低、大小的区别。

（2）只能使用圆括号，可以多重使用，圆括号必须成对出现。

（3）运算符不能相邻。例如，a+-b 是错误的，应写做 a+(-b)。

（4）VB 表达式中的乘号 "*" 不能省略，例如，x 乘以 y 应写成：x*y。

（5）能用系统函数的地方尽量使用系统函数。

例如，数学公式 $\dfrac{-b \cdot \sqrt{b^2-4ac}}{2a}$ 写成 VB 表达式为 (−b+sqr(b^2-4*a*c))/(2*a)。

3. 不同数据类型的转换

操作数的数据类型应符合要求，不同的数据应转换成同一类型。在算术运算中，如果操作数的数据精度不同，VB 规定运算结果采用精度较高的数据类型。

```
Integer<Long<Single<Double<Currency
```

4. 优先级

同一表达式中，不同运算符的优先级是：

圆括号 ＞ 算术运算符 ＞ 字符运算符 ＞ 关系运算符 ＞ 逻辑运算符

在复杂的表达式中，可以增加圆括号使表达式的运算次序更清晰。

三、任务实施

1. 计算两个整数的和、差、积、商、余数等

（1）启动 VB 集成开发环境，创建新的窗体 Form1，双击窗体，在其单击事件中输入程序，界面如图 2-8 所示。

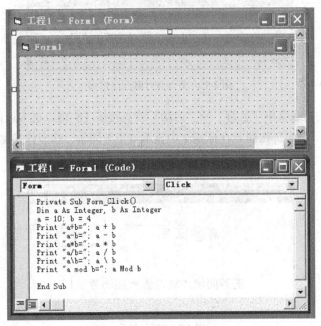

图 2-8　界面设计和程序代码

（2）单击运行按钮或菜单"运行"→"启动"，或者直接按 F5 键，进入运行状态，单击窗体，可得运行结果如图 2-9 所示。

2. 在窗体的文本框中输入学生姓名，在标签中显示欢迎该学生参加 VB 考试的字样

（1）启动 VB 集成开发环境，创建新的窗体 Form1，在窗体中加入两个标签，设置其 Caption

属性分别为"姓名"和空、一个文本框 Text1、一个命令按钮 Command1，设置其 Caption 属性为"确定"，在其单击事件中输入程序，界面如图 2-10 所示。

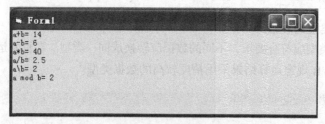

图 2-9　运行结果

图 2-10　界面设计和程序代码

（2）单击运行按钮或菜单"运行"→"启动"或直接按 F5 键，进入运行状态，在文本框中输入"王芳"，单击"确定"按钮，在标签 2 中显示"王芳同学，欢迎你参加 vb 考试！"，运行结果如图 2-11 所示。

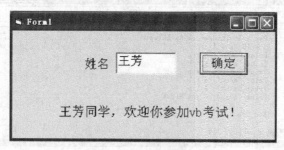

图 2-11　运行结果

【总结】

案例编程代码中有语句：

```
Label2.Caption = Text1.Text & "同学，欢迎你参加 vb 考试！"
```

其中&是字符串的连接运算符，它的功能是将其前后的两个字符串数据连接成一个字符串。

3．比较两个数值型文本的大小

（1）启动 VB 集成开发环境，创建新的窗体 Form1，在窗体中加入 3 个标签，设置其 Caption 属性分别为"数 A"、"数 B"和"A>B"、3 个文本框 Text1、Text2 和 Text3，用来接收两个数和输出两个数的比较结果，一个命令按钮 Command1，设置其 Caption 属性为"比较"，在其单击事件中输入程序，界面如图 2-12 所示。

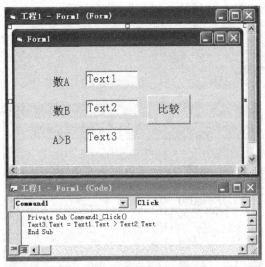

图 2-12　界面设计和程序代码

（2）单击运行按钮或菜单"运行"→"启动"，或直接按 F5 键，进入运行状态，在文本框 Text1 和 Text2 中分别输入两个数，单击"比较"按钮，将在 Text3 中显示两个数的比较结果，运行结果界面如图 2-13 所示。

【总结】

案例编程代码中有语句：

```
Text3.Text = Text1.Text > Text2.Text。
```

其中，Text1.Text > Text2.Text 的功能是比较两个文本框中的文本大小，成立时为 True，不成立时为 False，其结果送给 Text3 显示。

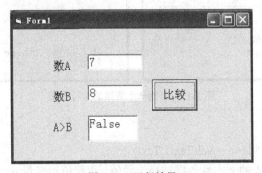

图 2-13　运行结果

如果要比较文本框的两个数值的大小，需要先将文本框的文本转换为数值，再比较，即

```
Text3.Text = val(Text1.Text ) > val(Text2.Text)
```

4．判断学生成绩是否在 60～90 分

（1）启动 VB 集成开发环境，创建新的窗体 Form1，在窗体中加入两个标签，设置其 Caption 属性分别为"成绩"和"介于 60 和 90 分之间"。两个文本框 Text1 和 Text2，并将其 text 属性设置为空。一个命令按钮 Command1，设置其 Caption 属性为"判断"，双击命令按钮，在其单击事件中输入如下程序，界面如图 2-14 所示。

```
Dim a As Integer, b As Boolean
a = Val(Text1.Text)
b = a >= 60 And a <= 90
Text2.Text = b
```

图 2-14　设计界面

（2）单击运行按钮或菜单"运行"→"启动"或直接按 F5 键，进入运行状态，在文本框 Text1 输入成绩，单击"判断"按钮，将在 Text2 中显示判断结果，运行结果界面如图 2-15 所示。

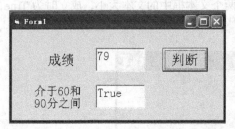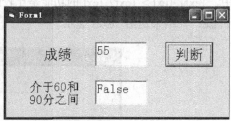

图 2-15　判断学生成绩的运行界面

【总结】

案例编程代码中有语句：a = Val(Text1.Text)

它的功能是 Text1 输入的文本性数据转换为数值，再赋值给变量 a；语句 b = a >= 60 And a <= 90 的功能是判断 $60 \leqslant a \leqslant 90$ 是否成立，其结果赋给变量 b，为逻辑型数据，成立为 True，不成立为 False。Text2.Text = b 的功能是将 b 的值送到文本框 Text2 中去显示。

四、随堂练习

（1）已知梯形的上底、下底和高，求梯形的面积。

（2）在两个文本框中分别输入姓名**和学号%%，单击确定按钮后在标签中显示"**同学，你的学号为%%"字样。

（3）比较"VB"和"vb"的大小。

（4）判断给定的三边能否组成三角形（三边构成三角形的条件是任何两边之和大于第三边）。

任务 4　使用常用内部函数

一、任务分析

本任务通过几个案例，熟悉常用的内部函数及其使用方法。

二、相关知识

（一）内部函数及调用

VB 提供了大量的内部函数供用户调用。在本任务中介绍一些常用的内部函数。

函数的调用格式：函数名（[参数表]）

【说明】

参数表可以有一个参数或逗号隔开的多个参数，函数具有返回值，可作为表达式的组成部分。

函数按功能可分为多类函数。

D 表示日期型表达式，X 表示其他情况。

（二）数学函数

VB 提供了大量的数学函数。常用数学函数有三角函数、算术平方根函数、对数函数、指数函数及绝对值函数等。表 2-5 列出了其函数形式及返回值。

表 2-5　常用数学函数

函　数　名	说　　明	示　　例
$Sin(x)$	返回自变量 x 的正弦值	$Sin(0)=0$　　x 为弧度
$Cos(x)$	返回自变量 x 的余弦值	$Cos(0)=1$　　x 为弧度
$Tan(x)$	返回自变量 x 的正切值	$Tan(0)=0$　　x 为弧度
$Atn(x)$	返回自变量 x 的反正切值	$Atn(0)=0$　　函数值为弧度
$Sgn(x)$	返回自变量 x 的符号。$x<0$，返回-1；$x=0$，返回 0；$x>0$，返回 1	$Sgn(10)=1$　　$Sgn(0)=0$ $Sgn(-10.5)=-1$
$Abs(x)$	返回自变量 x 的绝对值	$Abs(-5)=5$　　$Abs(5)=5$

函 数 名	说　明	示　例
Sqr(x)	返回自变量 x 的平方根，x≥0	Sqr(16)=4
Exp(x)	返回 e 的 x 次幂值，x≥0	Exp(3)=20.086
Log(x)	返回 x 的自然对数，x>0	Log(10)=2.3
Int(x)	返回不大于 x 的最大整数	Int(3.6) =3　　Int(-5.2)= -6
Cint(x)	四舍五入取整	Cint(3.6)=4
Rnd[(x)]	返回[0～1]之间的随机数	

上表中 x 表示算术表达式（变量）。

注意：① 三角函数的自变量以弧度表示。

例如：求 27 度的正旋函数要写成 Sin(3.14*27/180)。

② 随机函数 Rnd(x)可以写成 Rnd()，函数值可以是双精度型。

Rnd 返回小于 1、大于等于零的双精度随机数。其值由系统根据种子数随机给出，直接使用时，种子数是不变的，即每次执行程序都得到相同的随机数序列。可以使用 Randomize 语句来改变种子数。其格式为 Randomize。这时用系统计时器返回的值作为随机种子。

（三）转换函数

转换函数用于各种类型数据之间的转换。常用转换函数如表 2-6 所示。

表 2-6　常用转换函数

函数名	说　明	示　例
Int(x)	返回不大于 x 的最大整数	Int(-2.4)= -3 Int(2.4)=2
Fix(x)	返回 x 的整数部分，截去小数部分	Fix (-2.4)= -2 Fix (2.4)=2
Asc(C)	返回字符串 C 首字符的 ASCII 值	Asc("A")=65 Asc("Am")=65
Chr(x)	返回 ASCII 值为 x 的字符	Chr(65)="A" Chr(97)="a"
Val(C)	把数字组成的字符串型转化成数值型	Val("3.14")=3.14 Val("456")=456
Str(x)	把数值 x 转化成字符串型	Str(357)="357"
Cint(x)	把 x 的小数部分四舍五入取整	Cint(32.65)=33

上表中 x 表示数值型表达式（变量），C 表示字符串表达式（变量）。

（四）字符串函数

VB 具有很强的字符串处理能力，表 2-7 中列出了常用的字符串函数。

表 2-7　常用字符串函数

函 数 名	说　明	示　例
Trim(C)	去掉字符串 C 两端的空格	Trim(" am ")="am"
Left(C,n)	取 C 最左边的 n 个字符	Left("visual",3)="vis"

续表

函　数　名	说　　明	示　　例
Right(C,*n*)	取 C 最右边的 *n* 个字符	Right("visual",3)="ual"
Mid(C,*m,n*)	取 C 中从第 *m* 个字符开始的 *n* 个字符	Mid("visual",3,2)="su"
Len(C)	返回 C 中包含的字符个数,汉字和空格都算一个字符	Len("安徽电气工程学院")=8
		Len("Where are you?")=14
Ucase(C)	将 C 中小写字母转化成大写字母	Ucase("You?")="YOU?"
Lcase(C)	将 C 中大写字母转化成小写字母	Lcase("Who?")="who?"

上表中 C 表示字符串表达式（变量），*m*、*n* 表示数值表达式（变量）。

（五）日期与时间函数

日期与时间函数提供时间和日期信息，表 2-8 列出了常用的时间与日期函数。

表 2-8　常用时间与日期函数

函　数　名	说　　明	示　　例
Time[$][()]	返回系统当前时间	17:14:05
Date[$][()]	返回系统当前日期	2012-08-10
Now[()]	返回系统当前日期和时间	2012-08-10　17:14:05
Day(C/*N*)	返回数据中当月第几天	Day("2012-8-10")=10
Month(C/*N*)	返回数据中当年第几月	Month("2012-8-10")=8
Year（C/*N*）	返回数据中当年年份	Year("2012-08-10")=2012
WeekDay(C/*N*)	返回数据当天是星期几	WeekDay("2012-08-10")=6　　（星期五）

（六）消息框 MsgBox

消息框常用于在程序运行过程中显示一些提示性的消息，或要求用户对某个问题做出"是"或"否"的判断等。消息框 MsgBox 的使用方式有两种：语句方式和函数方式。

MsgBox 函数的使用方式为

```
变量 = MsgBox （<提示信息>[，<对话框类型>][，<对话框标题>]）
```

使用 MsgBox 时,有时不需要返回函数值。若不需要返回值,则可以使用 MsgBox 语句。MsgBox 语句的使用方式为

```
MsgBox  <提示信息>[，<对话框类型>][，<对话框标题>]
```

例如，以下的程序和后面任务实施 3 的功能基本相同，只是不能记下用户在弹出对话框上单击的是哪个按钮。

```
Private Sub Form_Click( )
 MsgBox "请你首先注册!", 1+16+256+0, "MsgBox 案例"
End Sub
```

（七）输入框 InputBox 函数

InputBox 函数显示一个能接收用户输入的对话框，并返回用户在对话框中输入的字符信息。

其语法格式为

```
变量 = InputBox （<提示信息>[, <对话框标题>][, <默认内容>]）
```

关于 Print 方法的介绍如下。

（1）使用 Print 方法。

使用 Print 方法可以在窗体、图片框或打印机等对象中输出文本字符串或表达式的值，其语法格式为

```
[<对象名称> .] Print [{Spc (n) | Tab (n) }] [<表达式列表>] [ {, | ; }]
```

对象名称表示 Print 作用的对象，比如是 Form 或者是 Picture Box，对象名称是可以省略的，省略时的 Print 默认在窗体上输出。表达式列表是输出的内容，允许多项数据的输出，在数据间可以加入 "，" 或 "；"。加入分号将使下一数据项紧挨着上一数据项输出。而加入逗号，则 Visual Basic 将下一数据项在下一打印区输出，如果在最后分号和逗号都不加，表明下一数据项在下一行输出。

（2）与 Print 方法有关的函数。

为了使数据按指定的位置输出，VB 提供了几个与 Print 相配合的函数。

① Tab 函数。

在 Print 方法中，可使用 Tab 函数来对输出进行定位。其格式为：Tab(<n>)，其中 n 为整数表达式。Tab 函数把显示或打印位置移至由参数 n 指定的列数，从此列开始输出数据。需要输出的内容放在 Tab 函数后面，并用分号隔开。例如：

```
Print  Tab(10);  "姓名"; Tab(22); "性别"
```

② Spc 函数。

在 Print 方法中，还可以使用 Spc 函数来对输出进行定位。与 Tab 函数不同；Spc 函数提供若干空格。其格式为 Spc (<n>)，其中 n 为整数表达式，表示在显示或打印下一个表达式之前插入的空格数。Spc 函数与输出项之间用分号隔开。例如：

```
Print "ABC"; Spc(5);  "DEF"
```

Spc 函数与 Tab 函数的作用类似，可以互相代替。但应注意，Tab 函数从对象的左端开始计数，而 Spc 函数只表示两个输出项之间的间隔。

三、任务实施

1．判断两个自然数是否是自然数对（自然数对是指两个数的和与差都是平方数）

（1）启动 VB 集成开发环境，创建新的窗体 Form1，在窗体中加入 3 个标签，设置其 Caption 属性分别为 "数 a"、"数 b" 和空。两个文本框 Text1 和 Text2，并将其 Text 属性设置为空。一个命令按钮 Command1，设置其 Caption 属性为 "判断"，双击命令按钮，在其单击事件中输入相应程序，界面如图 2-16 所示。

图 2-16 设计界面

（2）单击运行按钮或菜单"运行"→"启动"或直接按 F5 键，进入运行状态，在文本框 Text1 和 Text2 分别输入两个自然数，单击"判断"按钮，将在第 3 个标签中显示判断结果，运行结果界面如图 2-17 所示。

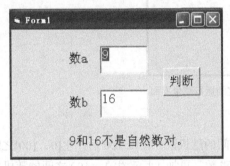
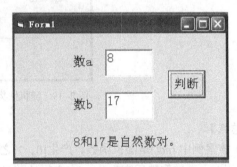

图 2-17 运行结果

【总结】

案例编程代码中出现有 abs(a - b)，其中 abs()是求绝对值得函数，abs(a - b)就是求 *a-b* 的绝对值；sqr(i)中 sqr()是求平方根函数，int()是取整函数。Int(Sqr(i)) And Sqr(j) = Int(Sqr(j))表示对 *i* 和 *j* 取平方根都是整数，即 *i* 和 *j* 都是平方数。

2．随机抽奖（随机抽取 1～100 之间任意一个数，抽中的编号为获奖编号）

（1）启动 VB 集成开发环境，创建新的窗体 Form1，在窗体中加入一个标签，设置其 Caption 属性分别为"获奖编号"。一个文本框 Text1，并将其 Text 属性设置为空。一个命令按钮 Command1，设置其 Caption 属性为"抽奖"，双击命令按钮，在其单击事件中输入相应程序，界面如图 2-18 所示。

图 2-18　随机抽奖的设计界面

（2）单击运行按钮或菜单"运行"→"启动"或直接按 F5 键，进入运行状态，每单击一次"抽奖"按钮，将在文本框中显示 1～100 之间的随机编号，运行结果界面如图 2-19 所示。

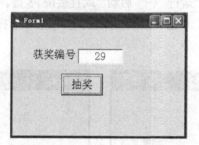

图 2-19　随机抽奖的运行结果界面

【总结】

① 该案例中 rnd()是随机函数，产生[0，1]之间的随机数，乘以 100 后产生[0，100]之间的随机数，用 int()函数取整后产生[0，99]之间的随机整数，再加 1 后产生 1～100 之间的随机整数。

② 随机数函数的使用技巧

用 Rnd 函数产生随机整数：可以将由 Rnd 函数产生的随机小数乘以一个整数，然后再对结果取整获得。例如要产生一个 0～20（包括 0 和 20）的随机数，可以由以下语句实现：

```
n=Int (Rnd*21)
```

产生 10～15 的随机数（包括 10 和 15）的语句是：

```
n=Int(Rnd*16)+10
```

3. MsgBox 函数的应用

（1）在 VB 环境中建立一新工程，在窗体的代码窗口中编写如下程序：

```
Private Sub Form_Click( )
```

```
Dim  a  As  Integer
a = MsgBox("请你首先注册!", 1+16+256+0, "MsgBox 案例")
Form1.Print a
End Sub
```

启动 VB 集成开发环境，创建新的窗体 Form1，双击窗体，在其单击事件中输入上面的程序，其设计界面如图 2-20 所示。

图 2-20　设计界面

（2）单击运行按钮或菜单"运行"→"启动"或直接按 F5 键，进入运行状态，单击窗体，将出现如下信息框，单击确定或取消按钮后，窗体中分别会显示 1 和 2，运行界面如图 2-21 所示。

图 2-21　运行界面

【总结】

该案例中 MsgBox("请你首先注册!", 1+16+256+0, "MsgBox 案例")用到 msgbox（）函数，功能是产生信息提示框，信息框的标题为"MsgBox 案例"，提示信息为"请你首先注册!"，信息框的类型由函数中第 2 个参数决定。

4．编写程序

用输入框输入球的半径，然后计算球的体积和表面积，并使用 Print 方法在窗体中直接输出结果。

（1）启动 VB 集成开发环境，创建新的窗体 Form1，双击窗体，在其单击事件中输入以下的程序：

```
Private Sub Form_Click()
    Dim  r  As Double, V As Double, S As Double
    Const pi = 3.1415926
    R = Val(InputBox("请输入球半径(厘米): "))
    Form1.Print "球的半径R=", R, "厘米"
    V = 4 / 3 * pi * R ^ 3
    S = 4 * pi * R ^ 2
    Print "球的体积V="; V; "立方厘米"
    Print
    Print "球的表面积S="; S; "平方厘米"
End Sub
```

其设计界面如图 2-22 所示。

图 2-22　设计界面

（2）单击运行按钮或菜单"运行"→"启动"或直接按 F5 键，进入运行状态，单击窗体，将出现输入框，界面如图 2-23 所示。

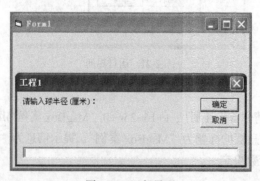

图 2-23　运行界面

（3）在输入框输入半径 3 后，单击"确定"按钮，将得到对应的球的体积和球表面积。输出结果如图 2-24 所示。

图 2-24　案例运行结果

【总结】

该案例中出现语句 R = Val(InputBox("请输入球半径（厘米）: "))，其中的 InputBox()是输入框函数，执行后系统弹出一提示框，并出现提示信息：请输入球半径（厘米）。当输入数值后，单击确定，系统就将输入的文本作为该函数的返回值，经 val()函数转化为数值型送给变量 R。程序中的 print 语句用到了 print 方法，是用来输出数据的。

四、随堂练习

（1）求一元二次方程 $ax2+bx+c=0$ 的实数根（假设 a 不等于 0）。

提示：根据 b^2-4ac 的值来判断方程是无根、两相等根还是两个不相等的根。

（2）随机抽奖（随机抽取 100 ~ 999 之间任意一个数，抽中的编号为获奖编号）。

（3）在 VB 环境中建立一新工程，使得单击窗体后产生一个标题为"问候"，提示信息为"欢迎你!"的信息提示框。

（4）在任务 4 的任务实施中，将程序 print 语句的分号用逗号代替，逗号用分号代替，运行程序，比较用逗号和分号的区别，同时在 print 语句后加分号或逗号，再运行比较。

任务 5　使用数组

一、任务分析

本任务是通过案例了解数组的相关知识、定义及使用方法。

二、相关知识

（一）数组基本概念

1. 数组

数组是具有相同名字和不同下标的一组变量的集合。

例如，a（1 To 100）表示一个包含 100 个数组元素的名为 a 的数组。为了处理 100 个学生的成绩，可以用 a（1），a（2），…，a（100）来分别代表每个学生的成绩，其中 a（1）代表第一个学生的成绩，a（2）代表第 2 个学生的成绩……在 VB 中，把一组相互关系密切的数据放在一起并用一个统一的名字作为标志，这就是数组。

2．数组元素

数组中的每一个数据称为数组元素。

数组元素用数组名和该数据在数组中的序号来标识，序号又称为下标。如 a（2）是一个数组元素，其中的 a 称为数组名，2 是下标。在使用数组元素时，必须把下标放在一对紧跟在数组名之后的括号中。a（2）是一个数组元素，而 a2 是一个简单变量。再如：A（3，2）代表二维数组 A 中第 3 行第 2 列上的那个元素。

3．数组维数

由数组元素中下标的个数决定，一个下标表示一维数组，两个下标表示二维数组。

VB 中有一维数组、二维数组……最多 60 维数组。

4．下标

下标表示顺序号，每个数组有一个唯一的顺序号，下标不能超过数组声明时的上、下界范围。下标可以是整型的常数、变量、表达式，甚至又是一个数组元素。

下标的取值范围是：下界 To 上界 ，默认下界时，系统默认取 0。

（二）数组声明

数组必须先定义后使用。数组的定义又称为数组的声明或说明。声明数组就是让系统在内存中分配一个连续的区域，用来存储数组元素。

声明内容：数组名、类型、维数、数组大小。

一般情况下，数组中各元素类型必须相同，但若数组为 Variant 时，可包含不同类型的数据。

静态数组：声明时确定了大小的数组。

对于静态数组，用如下格式进行定义：

说明符　数组名（下标）[As　类型]

例如

```
Dim a(5)As Integer
```

定义了一个一维数组，该数组的名字为 a，类型为 Integer，占据 6 个（0 ~ 5）整型变量的空间。

【说明】

（1）"说明符"为保留字，可以为 Dim、Public、Private、Static 中的任意一个。在使用过程中可以根据实际情况进行选用。定义数组后，数值数组中的全部元素都初始化为 0，字符串数组中的全部元素都初始化为空字符串。

（2）"数组名"的命名遵守标识符规则。

（3）"下标"的一般形式为"[下界　to] 上界"。下标的上界、下界为整数，不得超过 Long 数据类型的范围，并且下界应该小于上界。如果不指定下界，则数组的下界由 Option Base 语句控制。Option Base 语句的参数只能是 0 或 1，必须放在数组说明语句之前，且一个模块只能出现一次该语句。

例如：

```
Option Base 1
Dim B(10) As Integer
```

这时数组 B 的下标下界是 1。

如果没有使用 Option Base 语句，则数组的默认下界是 0。

例如：Dim A(10) As Integer

用关键字 To 来显式指明下标的下界，此时 Option Base 语句不再起作用。例如：

```
Dim C( 5 To 10) As Integer
Dim D(-10 To 10) As Long
```

下界默认为 0。

（4）多维数组的声明：

```
Dim a(9, 9) As Single
```

上条语句声明了一个 10×10 的二维数组，它共有 100 个数组元素，元素下标的下界默认是 0。也可以用显式的方法来声明多维数组。例如：

```
Dim a(1 To 10, 1 To 10)
Dim b(3, 1 To 8, 5 To 10)
```

（5）可以通过类型说明符来指定数组的类型。

例如：

```
Dim A! (10), B%(1 To 5), C#(8)
```

动态数组：声明时没有给定数组大小（省略了括号中的下标），使用时需要用 ReDim 语句重新指出其大小。

动态数组提供了一种灵活有效的内存管理机制，能够在程序运行期间根据用户的需要随时改变数组的大小。

动态数组的定义分为以下两步。

第一步：声明一个没有下标的数组。

格式为

```
说明符　数组名（）[As　类型]
```

第二步：引用数组前用 ReDim 语句重新定义。

格式为

```
ReDim [Preserve] 数组名（下标）[As　类型]
```

例如：

```
Dim a() As integer      '说明一个动态数组 a
ReDim a(10)             '确定数组的实际元素是 11 个
For i = 0 To 10         '开始使用数组
a(i) = i
Next i
```

【说明】

（1）ReDim 语句中的下标可以是常量，也可以是有确定值的变量或表达式。

（2）数据类型可以省略，若不省略，则必须与 Dim 语句中声明的类型一致。

（3）在一个程序过程中可以多次使用 ReDim 语句来改变一个动态数组的大小，也可以改变数组的维数，但不容许改变数组的数据类型。

（4）动态数组在程序运行过程中才被分配以存储空间，当不需要时，可以用 Erase 语句删除该数组，程序会回收分配给它的储存空间。例如：

```
Dim A() As integer
…
Erase A                        '数组A被清除，不再存在
…
```

（5）使用 ReDim 语句会使数组中原有数据丢失，若要保留数组中原有的值，必须在 ReDim 语句中加 Preserve 参数。使用 Preserve 参数后，只能改变数组最后一维的大小。例如：

```
ReDim X(10, 10, 10)
…
ReDim Preserve X(10, 10, 20)
…
```

上面的语句可以保留动态数组 X 中元素原有的值。

（三）数组引用

数组引用就是对数组元素的引用，用数组名和该数据在数组中的序号来标识。

如 a(10)、b(2,3)等。

（四）几个与数组有关的函数

1．Array 函数

用来为数组元素赋初值。

语法：数组名 = Array（数组元素值表）

赋值时，声明的数组类型必须是 Variant。

数组的下标下界默认为 0，也可通过 Option Base 语句决定；上界由 Array 函数括号内参数的个数决定，也可以通过 Ubound 函数获得。

```
A = Array(1, 3, 5, 7, 9)
B = Array("Monday", "Tuesday", "Wednesday")
```

2．UBound 函数和 LBound 函数

分别用于测试数组某一维可用的最大下标和最小下标的值。

例如：

```
Dim A(10, 2 To 12,5 To 20)
Dim B(30)                      '声明数组变量
X1 = UBound(A, 1)              '返回10
X2 = UBound(A, 2)              '返回12
X3 = UBound(B)                 '返回30
X4 = LBound(A, 1)              '返回0
X5 = LBound(A, 3)              '返回5
```

三、任务实施

1．求 10 个学生的平均成绩

（1）启动 VB 集成开发环境，创建新的窗体 Form1，双击窗体，在窗体的单击事件中输入以下程序：

```
Private Sub Form_Click()
Dim a(9) As Integer
Dim aver As Single
a(0) = 80: a(1) = 100
a(2) = 68: a(3) = 49
a(4) = 92: a(5) = 56
a(6) = 77: a(7) = 85
a(8) = 46: a(9) = 69
aver = (a(0) + a(1) + a(2) + a(3) + a(4) + a(5) + a(6) + a(7) + a(8) + a(9)) / 10
Print "10个学生平均成绩为: "; aver
End Sub
```

其设计界面略。

（2）单击运行按钮或菜单"运行"→"启动"或直接按 F5 键，进入运行状态，单击窗体，将出现如下结果，界面如图 2-25 所示。

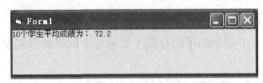

图 2- 25　运行结果

【总结】

该案例中出现的语句 Dim a(9) As Integer，定义了一个一维数组，该数组的名字为 a，类型为 Integer，占据 10 个（0～9）整型变量的空间，用 a(0)、a(1)、a(2)、…、a(9)分别代表 10 个学生的成绩。 a(0) = 80: a(1) = 100 中的冒号作为在一行中多条语句之间的分隔符。

2. 利用 array 函数给 10 个学生的成绩赋值，单击命令按钮后显示学生成绩和最小及最大下标值

（1）启动 VB 集成开发环境，创建新的窗体 Form1，在窗体中添加命令按钮 Command1，并将其 Caption 属性设置为"数组函数使用"，双击窗体，在命令按钮的单击事件中输入程序如图 2-26 所示。

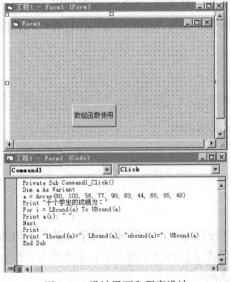

图 2-26　设计界面和程序设计

（2）单击运行按钮或菜单"运行"→"启动"或直接按 F5 键，进入运行状态，单击命令按钮，将出现如下结果，界面如图 2-27 所示。

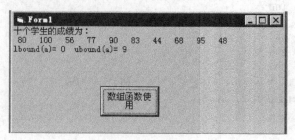

图 2- 27　运行结果

四、随堂练习

用定义数组的方法求 8 个同学的平均身高（显示 8 个同学的身高及平均身高）。

任务6　VB 语句和程序书写规则

一、任务分析

本任务主要是通过讲解的方式了解 VB 的语句程序书写规则。

二、相关知识

（一）VB 语句

语句是用于实现具体任务的一种指令。VB 的程序代码由语句、表达式、函数以及函数或变量的声明部分组成，其中使用频率最高的是赋值语句，它可以用来给变量赋值，或设置、修改对象的属性值。

赋值语句的格式：

变量名（对象的属性名）=表达式

例如：Form1.Caption="成绩录入"

　　　a=12

　　　b=x-2

（二）程序书写规则

1．程序的注释

为提高程序的可读性，常使用注释来说明某段程序或某行语句的功能。在 VB 中，注释行以 REM 开头，也可以采用单引号作为注释文字的开头；采用单引号作为注释还可以直接放在语句的后面，编译时忽略注释符后面的内容。

2．语句的断行

VB 规定一行语句最多允许有 255 个字符。有时一条语句可能会很长，在一行无法全部放下的情况下，可将一条语句分成多行，此时在需要分行的地方使用系统提供的续行符"_"（空格紧跟一个下划线）将长语句分成多行书写。（注意：续行符后不能加注释，也不能将一个变量名或属性名分割在两行。）

3．将多条语句写在同一行上

通常，VB 程序的每一行只能写一条语句。但有时可以使用复合语句，将多条语句写在同一行中，这时，同一行的各条语句之间要用冒号分隔开。

例如：a=3 : b=10

4．使用不同的进制数

VB 中若要表达二进制数，则在前面加前缀&B，八进制数前加前缀&O，十六进制数前加前缀&H，十进制数则不需加任何前缀。

例如：&B10110101

&O738

&HFE08

任务 7　使用窗体及基本控件

一、任务分析

本任务是通过几个案例操作，熟悉 Visual Basic 窗体及基本控件的操作。

二、相关知识

（一）窗体对象

窗体（Form）是应用程序的设计场所，它本身是一个对象，又是其他对象的载体或容器，可包括多个控件，各控件必须建立在窗体上。

每个应用程序至少有一个窗体，也可以有多个窗体，多数应用程序是从窗体开始执行的。窗体有自己的属性、事件和方法，决定着窗体的外观和行为。

1．窗体的属性

通过修改窗体的属性可以改变窗体内在或外在的结构特征，控制窗体的外观。

窗体有很多属性，常用属性如表 2-9 所示。

表 2-9　窗体常用属性

属　　性	用　　途
名称（Name）	决定窗体的名称，供相关的程序中使用
Caption	决定窗体标题栏显示的文本
BackColor	用于确定窗体的背景颜色
ForeColor	用于确定窗体的前景色

属　　性	用　　途
BordStyle	用于决定窗体的边框风格
ControlBox	用于确定窗体是否具有控制菜单
Enabled	控制窗体是否对用户事件做出响应
Height	控制窗体的高度尺寸
Width	设置窗体的宽度尺寸
Left	设置窗体距屏幕左边的距离
Top	设置窗体距屏幕顶部的距离
MaxBotton	控制窗体是否具有最大化按钮
MinBotton	控制窗体是否具有最小化按钮
Moveable	决定程序运行时窗体是否能够移动

2．窗体的事件

窗体作为对象，能够对事件做出响应。与窗体有关的事件分为以下几类。

（1）鼠标事件。

MouseMove、MouseDown、MouseUp、Click、Double Click 、DragDrop 和 Dragover。

（2）键盘事件。

KeyPress、KeyDown 和 KeyUp。

（3）系统事件。

Load、Unload、Activate、Deactivate、Initialize。

可以看出，与窗体有关的事件很多，其常用事件有下面几种。

① Load（装载）事件。

② Unload（卸载）事件。

③ Click（单击）事件。

④ DblClick（双击）事件。

⑤ KeyPress（按键）事件：当按下键盘上的某个键时，将触发 KeyPress 事件。

窗体事件过程的一般格式为

```
Private Sub Form_事件名([参数表])
…
End Sub
```

不管窗体名字如何定义，但在事件过程中只能使用 Form，而在过程内对窗体进行引用时才会用到窗体名字（如 Form1 等）。

3．窗体常用的方法

[对象名.] Print：用于在窗体上输出表达式的值。

[对象名.] Cls：用于清除运行时在窗体中显示的文本或图形。

[对象名.] Move Left[, Top [, Width [, Height]]]：用于移动并改变窗体或控件的位置和大小。

[对象名.] Show [Style]：用于快速显示一个窗体，使该窗体变成活动窗体。

[对象名.] Hide：用于隐藏窗体对象。

（二）基本控件

在开发应用程序时，需要在窗体中放置各种控件，才能实现用户与应用程序之间的信息交互。

在 VB 中有 3 种基本控件——命令按钮、标签和文本框。

控件通常具有以下公共属性。

（1）Name 属性：控件的 Name 属性（名称）必须以字母开头，其后可以是字母、数字和下划线，名称长度不能超过 40 个字符。

（2）Caption 属性：任意的字符串。其值既可以在属性窗口中设置，也可以通过程序代码改变，例如：

```
Command1.Caption="结束"
```

可以在 Caption 属性中为控件指定一个访问键。例如，将命令按钮的 Caption 属性设置为"结束（&E）"，则运行时只要用户同时按下 Alt 键和 E 键，就能执行该按钮命令。

（3）Enabled 属性：该属性决定控件是否对用户产生的事件做出响应。

（4）Visible 属性：该属性决定控件是否可见，默认值为 True。

（5）Height、Width、Top 和 Left 属性。

Height 和 Width 属性确定控件的高度和宽度，Top 和 Lelf 属性确定控件在窗体中的位置 。

（6）BackColor 和 ForeColor 属性 ：背景色和前景色。

（7）FontName、FontSize、FontBold、FontItalic、FontStrikethru 和 FontUnderline 属性。

（8）Font 属性：确定控件中显示的文本所用字体的样式、大小、字体效果等。

命令按钮用于接收用户的操作信息，并引发应用程序的某个操作。用户通过单击命令按钮，触发相应的事件过程，以实现指定的功能。

1．属性

（1）Default 属性和 Cancel 属性。

Default 属性和 Cancel 属性分别用于设置"默认按钮"和"取消按钮"。

（2）Style 属性。

Style 属性用于设置命令按钮的外观。

2．常用事件

命令按钮最常用的事件是 Click（单击）事件，但不支持 DblClick（双击）事件。

3．常用方法

命令按钮常用的方法是 SetFocus 方法。

标签（Label）主要用来显示比较固定的提示性信息。常被用做窗体上其他控件的说明和提示，还可被用做文本信息的输出工具。

1．常用属性

（1）Alignment 属性。

设置标签中文本的对齐方式

（2）AutoSize 属性。

确定标签的大小是否根据标签的内容自动调整大小。

（3）BorderStyle 属性。

设置标签的边框外观，0：无边框；1：有边框。

2．常用事件和方法

标签最常用的事件是 Click（单击）事件和 DblClick(双击)事件。

标签常用的方法是 SetFocus 方法。

文本框（TextBox）是一个文本编辑区域，用户可以在该区域中输入、编辑和显示文本内容。默认情况下，文本框只能输入单行文本，若将其 MultiLine 属性设置为 True，则可以输入多行文本。

1．常用属性

文本框具有一般控件的常用属性，但文本框没有 Caption 属性。

（1）Maxlength 属性：确定文本框中文本的最大长度。

（2）Multiline 属性：指定文本框中是否允许显示和输入多行文本。

（3）PasswordChar 属性：确定在文本框中是否显示用户输入的字符，常用于密码输入。

（4）ScrollBars 属性：指定在文本框中是否出现滚动条。

（5）SelStart 属性、Sellength 属性和 SelText 属性：选定文本的起始位置、长度和内容。

（6）Text 属性：设置或返回文本框中所包含的文本内容。

（7）Locked 属性：设置文本框的内容是否可读。

2．常用事件和方法

文本框支持 Click、DblClick 等鼠标事件，同时支持 Change、GotFocus、LostFocus 等事件。文本框常用方法有 SetFocus 方法和 Move 方法。

三、任务实施

1．窗体移动操作

（1）启动 VB 集成开发环境，创建新的窗体 Form1，将其 Caption 属性设置为"窗体操作"，并在窗体上添加 5 个命令按钮，分别设置其 Caption 属性，如图 2-28 所示。

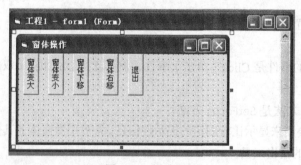

图 2-28　设计界面

（2）双击窗体，在代码窗口中输入以下程序。

```
Private Sub Form_Load()
  form1.Height = 2000
  form1.Width = 4000
  form1.Top = 0
  form1.Left = 0
```

```
End Sub
Private Sub Command1_Click()              '"窗体变大"按钮
   form1.Height = form1.Height + 200      '每次增加 200 点
   form1.Width = form1.Width + 200
End Sub
Private Sub Command2_Click()              '"窗体变小"按钮
   form1.Height = form1.Height - 200      '每次减少 200 点
   form1.Width = form1.Width - 200
End Sub
Private Sub Command4_Click()              '窗体下移
form1.Top = form1.Top + 300               '每次向下移动 300 点
End Sub

Private Sub Command5_Click()              '窗体右移
form1.Left = form1.Left + 200             '每次向右移动 300 点
End Sub

Private Sub Command3_Click()              '"退出"按钮
   Unload Me
End Sub
```

（3）单击运行按钮或菜单"运行"→"启动"或直接按 F5 键，进入运行状态，可发现窗体位于桌面左上角，单击窗体中的对应命令按钮，窗体的大小和位置会按照相应的操作发生变化，单击退出按钮，会退出运行状态。（运行界面略。）

【总结】

该案例中出现窗体的 Load 事件代码：

```
Private Sub Form_Load()
   form1.Height = 2000
   form1.Width = 4000
   form1.Top = 0
   form1.Left = 0
End Sub
```

以上代码是将窗体的高度、宽度分别设置为 2000 缇和 4000 缇。（坐标轴刻度单位为缇或 Twip，567 缇为 1 厘米），将窗体左上角坐标位置设为（0，0）。

```
Private Sub Command3_Click()              '"退出"按钮
   Unload Me
End Sub
```

这里的 Unload Me 的作用是卸载当前窗体。

其他几个命令按钮的单击事件代码的作用分别是改变窗体的宽度、高度和上下、左右位置。

2．显示和清除唐诗"静夜思"

（1）启动 VB 集成开发环境，创建新的窗体 Form1，在窗体上添加 3 个命令按钮：

"显示"按钮：用于显示唐诗"静夜思"；

"清除"按钮：用于清除所生成的文本；

"结束"按钮：结束程序的运行。

设计界面如图 2-29 所示。

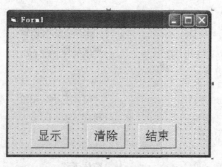

图 2-29　设计界面

（2）双击窗体，在其代码窗口中输入以下程序。

```
Private Sub Command1_Click()              '显示按钮
     BackColor = RGB(255, 255, 255)
     ForeColor = RGB(0, 0, 255)
     FontName = "楷体_GB2312"
     FontSize = 20
     CurrentX = 1200
     CurrentY = 350
     Print "静夜思(唐诗)"
     FontName = "仿宋_GB2312"
     Print
     FontSize = 14
     Print Spc(7); "床前明月光，疑是地上霜"
     Print
     Print Spc(7); "举头望明月，低头思故乡"
End Sub

Private Sub Command2_Click()              '清除按钮
     Cls
End Sub

Private Sub Command3_Click()              '结束按钮
     End
End Sub
```

（3）单击运行按钮或菜单"运行"→"启动"或直接按 F5 键，进入运行状态，单击"显示"按钮，将出现如图 2-30 所示的运行结果界面。

图 2-30　运行结果界面

单击"清除"按钮，将清除显示的唐诗；单击"结束"按钮，将退出程序的执行。

四、随堂练习

（1）窗体的放大和缩小（单击按钮时实现）。

（2）用文本框输入密码，输入时显示"***"，单击"显示"按钮时显示密码。

项目实训

1. 设计如下的用户界面，并编写相应的事件代码。使得运行后，每单击一次左移按钮，窗体向左移动 300 缇，每单击一次右移按钮，窗体向右移动 200 缇，如图 2-31 所示。

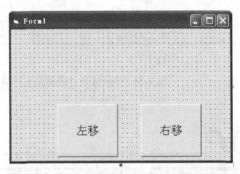

图 2-31　实训 1 运行界面

2. 设计如下的用户界面，并编写相应的事件代码。使得运行后，每单击一次放大按钮，标签中字号放大 10 缇，每单击一次缩小按钮，标签中字体字号缩小 10 缇。要求标签内显示"字号"与当前字号的大小，并且标签大小与所显示文本一致。如"字号 20"，单击放大按钮后，标签中显示"字号 30"，如图 2-32 所示。

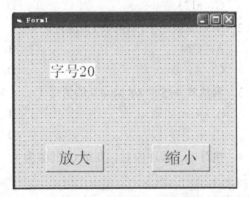

图 2-32　实训 2 运行界面

3. 设计如下的用户界面，并编写相应的事件代码。使得运行后，文本框中的加数和被加数，在单击"="按钮后，在第 3 个文本框中显示两数的和，如图 2-33 所示。

图 2-33　实训 3 设计界面

4. 新建一个窗体，在窗体的单击事件中编写程序，使得运行后单击窗体，出现如图 2-34（a）所示信息输入框，要求输入姓名，当输入姓名"王芳"，确认后出现图 2-34（b）所示的信息提示框，显示"王芳同学，祝你考试顺利！"。

（a）　　　　　　　　　　　　　　　　（b）

图 2-34　实训 4 设计界面及运行结果

项目练习

一、选择题

1. 下面变量名错误的是（　　　）。

A. 我们　　　　　　　　　　　B. abc

C. a123　　　　　　　　　　　D. a.c

2. 下列变量名中，合法的变量名是（　　　）。

A. C24　　　　　　　　　　　B. A B

C. A: B　　　　　　　　　　　D. 1+2

3. 表达式 4+5\6*7/8 Mod 9 的值是（　　　）。

A. 4　　　　　　　　　　　　B. 5

C. 6　　　　　　　　　　　　D. 7

4. 执行以下程序段后，变量 C$的值为（　　　）。

```
a$="Visual Basic"
b$="Quick"
c$=b$ & Ucase(Mid$(a$,2,3)) & Right$(a$,2)
```

A. Quick Visual   B. Quick Basic

C. Quickisuic   D. QuickISUic

5. 用于获得字符串 S 从第 2 个字符开始的 3 个字符的函数是（　　　）。

A. Mid\$(S,2,3)   B. Middle(S,2,3)

C. Right\$(S,2,3)   D. Left\$(S,2,3)

6. 计算结果为 0 的表达式是（　　　）。

A. Int(2.4)+Int(−2.8)   B. int(2.4)+fix(−2.8)

C. Fix(2.4)+Int(−2.8)   D. Fix(2.4)+Fix(−2.8)

7. DataTime 是一个 Data 类型的变量，以下赋值语句中错误的是（　　　）。

A. DataTime=#5/14/01#

B. DataTime=#September 1,2001#

C. DataTime=#12:15:00 AM#

D. "8/8/99"

8. 语句 Print Sgn(−6^2)+Abs(−6^2)+Int(−6^2)的输出结果是（　　　）。

A. −36   B. 1   C. −1   D. −72

9. 执行下面的语句后，所产生的信息框的标题是（　　　）。

```
a = MsgBox("AAAA", "BBBB", "", 5)
```

A. BBBB   B. 空

C. AAAA   D. 出错，不能产生信息框

10. 语句 Dim A&(10),B#(10,5)定义了两个数组，其类型分别为（　　　）。

A. 一维实型数组和二维双精度型数组

B. 一维整型数组和二维实型数组

C. 一维实型数组和二维整型数组

D. 一维长整型数组和二维双精度型数组

11. 语句 Dim A（2，1 to 3）as integer 定义的数组 A 含有的元素个数为（　　　）。

A. 8   B. 12   C. 2   D. 4

12. 若要求在文本框中输入密码时在文本框中显示"*"号，则应在此文本框的属性窗口中设置（　　　）。

A. Text 属性值为*   B. Caption 属性值为*

C. PasswordChar 属性值为*   D. PasswordChar 属性值为真

13. 确定一个窗体或控件大小的属性是（　　　）。

A. Width 或 Height   B. Width 和 Height

C. Top 或 Left   D. Top 和 Left

14. 使文本框获得焦点的属性是（　　　）。

A. Change   B. GotFocus   C. SetFocus   D. LostFocus

15. 为了使标签中的内容居中显示，应把 Alignment 属性设置为（　　　）。

A. 0   B. 1   C. 2   D. 3

16．为了取消窗体的最大化功能，需要把它的一个属性设置为 False，这个属性是（　　）。

    A．ControlBox　　　　B．MinButton　　　　C．Enabled　　　　D．MaxButton

17．假定窗体上有一个文本框，名为 Txt1，为了使该文本框的内容能够换行，并且具有水平和垂直滚动条，正确的属性设置为（　　）。

    A．Txt1.MultiLine = True　　　　Txt1.ScrollBars = 0

    B．Txt1.MultiLine = True　　　　Txt1.ScrollBars = 3

    C．Txt1.MultiLine = False　　　　Txt1.ScrollBars = 0

    D．Txt1.MultiLine = False　　　　Txt1.ScrollBars = 3

18．为了使标签覆盖背景，应把 BackStyle 属性设置为（　　）。

    A．0　　　　　　　　B．1　　　　　　　　C．True　　　　　　D．False

19．Print Int(12345.6789*100+0.5)/100 的输出结果是（　　）。

    A．12345　　　　　　B．12346　　　　　　C．12345.67　　　　D．12345.68

20．要让文本框和标签中都显示"VB",则应将文本框的（　　）属性和标签的（　　）属性都设置为"VB"。

    A．caption　　caption　　　　　　　　B．caption　　name

    C．text　　　　caption　　　　　　　　D．text　　　　name

二、填空题

1．填写下列表达式的值。

8\4*5/2.5*(3+7.5)　_____　　　　　　3*7\2【2】_____

26\3 mod 0.4*int(2.5)_____　　　　　True and 8-3>=6 _____

#8/5/1999# -10_____　　　　　　　　4<5 and 7>5_____

Int(-3.14159)_____　　　　　　　　　int(Abs(99-100)/2) _____

Fix(-3.1415) _____　　　　　　　　　len("hello 你好!") _____

Lcase("Hello") _____　　　　　　　　sqr(sqr(16)) _____

2．把下列数学表达式写成 VB 表达式。

$v_0t-\dfrac{1}{2}at^2$ 的表达式为_____。

$\dfrac{\sin\alpha\cos\beta}{\alpha\beta}$ 的表达式为_____。

$0<x\leq5$ 的表达式为_____。

3．要设置文本的显示颜色，可用_____属性来实现。

4．设 $X=5$，$Y=-2$，则表达式 3*Y>5 or X+8<0 的值是_____。

5．判断 3 条边 a、b、c 能否构成三角形的逻辑表达式是_____。

6．语句"print " 14+54= ";14+54"的输出结果为_____。

7．设当前日期为 2008 年 6 月 5 日星期四则执行"print year(now)"的结果是_____。

8．命令按钮上显示的文字有_____属性设置。

9．有一个单击按钮过程，其作用是产生 50 个 60～100 的随机数，统计其中被 6 整除余 2 的个数，并将这些数输出。请填空：

```
Private Sub Command1_Click()
 Dim x As Integer, N%
 Dim Counter As Integer
  Randomize
  For N=1 To
   X=Rnd()*_____
   If _____ =2 Then
     Print x
     Counter=_____

     _____
  Next N
 Print
End Sub
```

项目 3

Visual Basic 基本程序控制结构

本项目主要包括 VB 基本输入输出语句，顺序结构、分支结构和循环结构程序设计。

【学习目标】

（1）熟练掌握 Print 方法、输入/输出消息框函数的使用。

（2）熟练掌握行 if 语句、块 if 结构、Select Case 情况选择结构的使用，掌握选择的嵌套结构。

（3）熟练掌握实现循环结构的 For/Next 循环结构及 Exit For 语句、Do/Loop 循环结构的使用，掌握多重循环。

任务 1 使用文本输入框 InputBox() 函数

在 Visual Basic 中，除了可以通过文本框、组合框等控件来实现数据的输入与输出之外，还可以利用其提供的基本输入/输出语句。

一、任务分析

本任务是使用 InputBox() 函数，使屏幕上产生一个输入对话框，提示用户输入数据，返回一个用户在对话框中输入的值赋给变量。

二、相关知识

InputBox() 函数是 Visual Basic 所提供的从键盘输入数据的函数，当程序运行到该函数时，它在屏幕上产生一个输入对话框，提示用户输入数据，返回一个用户在对话框中输入的值赋给变量。其语法格式如下：

<变量名>= InputBox (<提示>[,对话框标题][,编辑框中默认值][,x 坐标][,y 坐标][,帮助文件名,帮助主题号])

【说明】

（1）输入框的样式是固定的，用户不能改变。用户能改变的是输入框的"提示"和"标题"的内容及对话框的显示位置。

（2）"提示"处为字符串表达式，在对话框中作为提示信息出现，提示用户输入数据，常用字符串常量表示。显示多行信息时，可以自动换行；也可以用插入"回车 Chr(13)"和"换行 Chr(10)"控制符的方法，强制换行，该参数不能省略。

（3）"对话框标题"为字符串表达式，用做设置输入框的标题，一般用字符串常量表示，若省略该参数则把程序名放入标题栏中。

（4）"编辑框中默认值"为字符串表达式，用于在对话框中显示默认信息，如果用户在没有进行输入操作的情况下，直接单击 Enter 键或单击对话框中的"确定"按钮，系统将把该数据作为默认值输入，并赋给变量。若省略该参数，则输入区为空白，等待用户输入数据。

（5）"x 坐标"位置，"y 坐标"位置用于指定对话框在屏幕上的输出位置，整型表达式指定对话框左上角在屏幕上显示的位置。若省略该参数，则对话框显示在屏幕中心。

（6）"帮助文件名，帮助主题号"：有此选项时，在对话框中自动增加一个帮助按钮。

（7）注意，各参数次序必须与前面函数格式中列出的次序一一对应，除了"提示"一项不能省略外，其余各项均可省略。

（8）InputBox 函数的返回值是一个字符串，系统默认数据类型为字符串类型。如果要将 InputBox 函数的值赋给一个数值型变量，通常采用 Val 函数进行转换，转换为与变量同一类型后赋值给变量，例如：

```
a% = Val(InputBox("请输入 a 的值："))
```

（9）输入的数据必须作为函数的返回值赋给一个变量，否则输入的数据不能保留。每执行一次 InputBox 函数，用户只能输入一个数据，如果需要输入多个值，则必须多次调用该函数。

三、任务实施

编写一个输入学生学号的对话框，输入完成后，把输入的学生学号输出在窗体上。

（1）启动 VB 集成开发环境，新建一工程，在窗体代码中编写代码如下：

```
Private Sub Form_Click()
    Dim No As String
    No=InputBox("请输入学号:","学号输入",34077)
    Form1.Print No
End Sub
```

（2）程序执行该语句，将在屏幕上显示如图 3-1 所示的对话框，此时单击对话框中的"确定"按钮，函数将把"34077"数据赋予变量"No"。

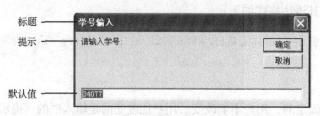

标题 ——
提示 ——
默认值 ——

图 3-1　InputBox 函数对话框

【总结】

使用 InputBox 可以显示一个简单的对话框，以便输入所需要的信息。此对话框有一个"确定"按钮和一个"取消"按钮。如果选取了"确定"按钮，则 InputBox 将返回对话框中输入的值。如果单击"取消"按钮，则 InputBox 的值为 False。

任务 2　使用消息框 MsgBox()函数

一、任务分析

本任务是用于在程序运行过程中显示一些提示性消息，或要求用户对某个问题作出"是"或"否"的判断等。在对话框中显示消息，等待用户单击按钮，并返回一个整数告诉用户单击了哪个按钮。

二、相关知识

在 Visual Basic 中，MsgBox()函数用来向用户发布提示信息，并且可以返回用户在消息框中的选择。消息框的 MsgBox 的使用方式有两种：语句方式和函数方式。其语法格式如下：

1. MsgBox 函数

```
<变量>=MsgBox(<提示信息>[,<对话框类型>][,<标题>])
或：MsgBox <提示信息>[,<对话框类型>][,<标题>]
```

【说明】

（1）"提示信息"处为字符串表达式，在对话框中作为提示信息出现，提示用户输入数据，常用字符串常量表示。显示多行信息时，可以自动换行；也可以用插入"回车 Chr(13)"和"换行 Chr(10)"控制符的方法，强制换行，最多可以有 1024 个字符。

（2）"对话框类型"：这是一个由 4 个数值常量组成的式子，形式为按钮类型+图标类型+默认按钮+模式，用于决定对话框中按钮的个数和类型以及出现在对话框中的图标类型，数值常量的取值和所代表的意义如表 3-1 所示。

表 3-1　按钮设置值与含义

组　　成	内部常量	值	功能描述
按钮数目	VbOkOnly	0	确定按钮
	VbOkCancel	1	确定、取消按钮

续表

组　　成	内 部 常 量	值	功能描述
按钮数目	VbAboutRetryIgnore	2	终止、重试、忽略按钮
	VbYesNoCancel	3	是、否、取消按钮
	VbYesNo	4	是、否按钮
	VbRetryCancel	5	重试、取消按钮
图标类型	VbCritical	16	关键信息图标
	VbQuestion	32	询问信息图标
	VbExclamation	48	警告信息图标
	VbInformation	64	信息图标
默认按钮	VbDefaultButton1	0	第 1 个按钮为默认
	VbDefaultButton2	56	第 2 个按钮为默认
	VbDefaultButton3	512	第 3 个按钮为默认

（3）"标题"。字符串表达式，用做设置输入框的标题，一般用字符串常量表示，若省略该参数则把程序名放入标题栏中。

（4）返回值：由用户在对话框中选择了哪一种按钮决定，按钮图标类型中返回值及含义如表3-2 所示。

表 3-2　按钮图标类型中返回值及含义

被单击的按钮	返 回 值	内 部 常 量
确定	1	vbOk
取消	2	vbCancel
终止	3	vbAbort
重试	4	vbRetry
忽略	5	vbIgnore
是	6	vbYes
否	7	vbNo

2. MsgBox 语句的使用方式

```
MsgBox  <提示信息>[, <对话框类型>][, <对话框标题>]
```

【说明】

忽略函数返回值，直接调用，例如：

```
MsgBox ("确定要删除该文件吗? ", 1 + 32 + 256, "确定删除")
```

三、任务实施

（1）启动 VB 集成开发环境，新建一工程。在窗体中添加一个命令按钮 Command1，改其 Caption 为"返回值"，在命令按钮单击事件代码中编写代码如下：

```
Private Sub Command1_Click()
    a = MsgBox("提示信息", 2 + 256, "标题内容")
    Print a
End Sub
```

（2）编辑结束后单击运行，弹出如图 3-2 所示对话框，选择"重试"后在窗体上打印出返回值"4"。

图 3-2　MsgBox 函数对话框

【总结】

1. 在 MsgBox 中，参数是按一定顺序排列的，如果省略了某些参数，必须加入相应的逗号分隔符。

2. MsgBox 过程没有返回值，因此常用于简单的信息显示。

3. Msgbox() 函数的返回值是一个整数，该整数与所选择的按钮有关。每个按钮对应一个返回值，共有 7 种按钮。

4. 按钮＋图标 ＋缺省按钮＋模式"是整型表达式，决定信息框按钮数目、出现在信息框上的图标类型及操作模式

任务 3　使用 Print 方法

一、任务分析

本任务可以在窗体、图片框或打印机等对象中输出文本字符串或表达式的值。

二、相关知识

Print 方法：具有计算和输出的双重功能。其语法格式如下：

```
[对象名.]Print[{Spc(n)|Tab(n)}][表达式列表][; |, ]
```

【说明】

（1）在指定对象上输出信息。

（2）对象名：窗体、图形框或打印机。如果省略对象，则在当前窗体上输出数据。

- <对象名>：窗体　　　如　Form1.Print "Hello"
- 图片框　　　　　　如　Picture1.Print "Hello"
- 打印机　　　　　　如　Printer.Print "Hello"
- 立即窗口　　　　　如　Debug .Print "Hello"

- 省略：默认为当前窗体。

（3）表达式：多个表达式使用逗号或分号隔开。

（4）逗号：以 14 个字符位置为单位把一个输出行分成若干区段，定位在下一个打印区开始处（每个打印区 14 列）。

（5）分号：定位在上一个被显示的字符之后，后一项紧跟前一项输出。

（6）Print 语句尾无分号或逗号，则输出一空行，表示输出后换行。

（7）输出时，数值型数据前有一个符号位（正号不显），后面留一个空格位；字符串原样输出，前后无空格。

（8）Tab 函数：从最左端开始计算的第 n 列。

其语法格式如下：

```
Tab[(n)]
```

- 功能：在指定的第 n 个位置上输出数据。
- 参数 n：

n<当前位置：打印位置为下一行的第 n 列

n<1：打印位置为第 1 列

省略：打印位置为下一个打印区的起点（每 14 个字符为一个打印区）。

（9）Spc 函数：从当前打印位置起空 n 个空格。

其语法格式如下：

```
Spc(n)
```

- 功能：跳过 n 个空格。

例如：Print "HOW"; Spc(3); "ABOUT"

结果：HOW∪∪∪ABOUT

- Space 函数：可以用在字符串允许出现的任何位置。
- Spc 函数：只能用在打印语句中。
- Tab 函数指定绝对位置，Space 函数或 Spc 函数指定相对位置。

三、任务实施

1. 用 Print 方法在窗体上显示如下内容格式

（1）启动 VB 集成开发环境，新建一工程，在窗体代码中编写代码如下：

```
Private Sub Form_Load()
    Form1.Show
    Print "12345678901234567890"
    Print            ' 产生空行
    Print "2+4="; 2 + 4,
    Print            ' 取消上面一句末尾逗号的作用
    Print "2-4=";
    Print 2 - 4
End Sub
```

（2）程序编辑结束运行后，在窗体上显示如图 3-3 所示结果。

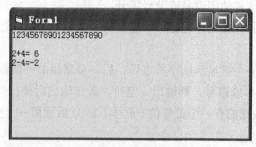

图 3-3　Print 方法

注：输入 Print 时可用?代替，VB 将其自动转换成 Print。

（3）修改窗体代码中代码如下：

```
Private Sub Form_Load()
    Print "12345678901234567890"
    Print "Hello"; Tab(10); "World"
    Print "Hello"; Tab; "World"
    Print "Hello"; Tab(4); "World"
    Print Tab(-5); "Hello"
End Sub
```

程序编辑结束运行后，在窗体上显示如图 3-4 所示运行结果。

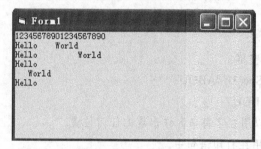

图 3-4　tab()函数

【总结】

Spc 函数与 Space 函数、Tab 函数有以下几点区别。

1. Space 函数：可以用在字符串允许出现的任何位置。

2. Spc 函数：只能用在打印语句中。

3. Tab 函数指定绝对位置；Space 函数或 Spc 函数指定相对位置。

任务 4　使用格式输出函数

一、任务分析

本任务是使用格式输出函数 Format()使数值、日期或字符按指定的格式输出，常用于 Print 方法中。

二、相关知识

除 Print 方法外还有 Format 方法，其语法格式如下：

```
Format (表达式[，格式字符串])
```

【说明】
格式化字符串分为 3 类：数值的格式化、日期和时间格式化、字符串格式化。
（1）常用数值格式化（见表 3-3）。

表 3-3　常用数值格式化字符

符　号	作　用	表　达　式	格式字符串	显　示　结　果
0	用 0 填充不足的位置	1234.567	"00000.0000"	01234.5670
#	位置不足是不填充 0	1234.567	"####.####"	1234.567
,	千分位	1234.567	"##,##0.000"	1,234.567
%	数值乘以 100，加百分号	1234.567	"####.##%"	123456.7%
$	在数字前强加$	1234.567	"$###.##"	$1234.57
E+	用指数表示	1234.567	"0.00E+00"	1.23E-01

（2）常用日期和时间格式符（见表 3-4）。

表 3-4　常用日期和时间格式符

符　号	作　用
d	显示日期，dd 个位前加 0
w	星期为数字（1 是星期日）
m	显示月份，mm 个位前加 0
yyyy	显示 4 位数年份，yy 为 2 位数年份
dddddd	显示完整长日期（yyyy 年 m 月 d 日）
h	显示小时（0～23），hh 个位前加 0
m	在 h 后显示分（0～59），mm 个位前加 0
s	显示秒（0～59），ss 个位前加 0

三、任务实施

下面的程序通过 Format() 函数，用 Print 语句在屏幕上显示日期和时间
（1）启动 VB 集成开发环境，新建一工程，在代码窗体中编写代码如下：

```
Private Sub form_Click()
    Form1.Caption = Now
    mytime = #11:12:34 PM#
    mydate = #2/2/2004#
    Print Tab(6); Format(mydate, "dddddd")
    Print Tab(6); Format(mytime, "tttttAM/PM")
    Print Tab(6); Format(mydate, "ddddd")
```

```
    Print Tab(6); Format(mydate, "mmmm")
    Print Tab(6); Format(mytime, "ttttt")
End Sub
```

（2）程序编辑结束运行后，在窗体上显示如图 3-5 所示运行结果。

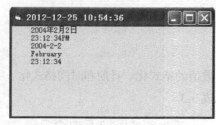

图 3-5　Format ()函数

【总结】

Format()函数按指定格式输出数据，格式如下：

Format(表达式,"格式字符串")

格式字符串：

0：数字位数，不足补 0；
#：数字位数，前后不加 0。

任务5　设计顺序结构程序

一、任务分析

一个 VB 程序由两部分组成：即 Visual 和 Basic，前者是由众多的对象构成了程序的可视界面，在 VB 中，界面设计非常方便、直观；后者是响应各种事件的程序代码，也是程序设计的重点和难点。VB 也具有结构化程序设计的 3 种结构，即顺序结构、选择结构、循环结构，它是程序设计的基础。

本任务使用顺序结构就是各语句按出现的先后次序执行。

二、相关知识

顺序结构是最简单的控制结构，程序语句是严格按书写顺序依次被执行的，如图 3-6 所示。

图 3-6　顺序结构数

赋值语句是最常用的语句，功能是先计算出赋值号右边表达式的值，再将值赋给左边的变量。

其语法格式如下。

赋值语句：变量名＝表达式。

给对象的属性赋值语句：对象名.属性名＝表达式。

1．功能

（1）把"＝"右边表达式的值赋给"＝"左边的变量或对象的属性。

（2）赋值语句兼有计算和赋值的双重功能。

2．说明

（1）<变量名>：应符合 VB 变量命名约定。

（2）<表达式>：常量、变量、表达式、属性。

（3）<对象名>：默认时为当前窗体。

（4）赋值号"＝"：与数学中的等号意义不同。

例：X=X+1

（5）赋值号左边必须是变量或对象属性。

例：X=1

```
MyStr="Good Morning"
Command1.Caption="确定"
X+1=X        ' 错误，赋值号左边是表达式
Y=5          ' 正确
5=Y          ' 错误，赋值号左边是常量
```

（6）变量名或对象属性名的类型应与表达式类型相容。

类型相容：指变量名或对象属性名能够正确存取赋值号右边的表达式的值，如图 3-7 所示。

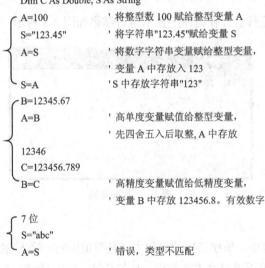

图 3-7　类型相容

（7）变量未赋值时，数值型变量值为 0，字符串变量值为空串""。

（8）给可变类型的变量赋值后，变量的类型为赋值号右边表达式的类型。

例：执行下列各赋值语句后，A 的数据类型是什么？（设 A 没有定义数据类型）

A = 6

A = 5 + 3

A = "5+3"

A = "#11/26/99#"

A = #11/26/1999#

A = Not 5 > 8

可用 TypeName 函数显示变量的数据类型。

例如：Print TypeName(A)

三、任务实施

编写程序使两个变量中的程序交换

（1）启动 VB 集成开发环境，新建一工程，在窗体代码中编写代码如下：

```
Private Sub Form_Click()
    Dim x As Long, y As Long, z As Long
    x = 600
    y = 200
    Print "交换前:"; x, y
    z = x        '将 x 中的数据存入 z
    x = y        '将 y 中的数据存入 x
    y = z        '将 z 中的数据存入 y,实现交换
    Print "交换后:"; x, y '显示交换结果
End Sub
```

（2）程序编辑结束运行后，在窗体上显示运行结果如图 3-8 所示。

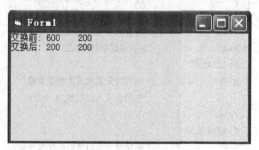

图 3-8　数据交换

【总结】

一般的程序设计语言中，顺序结构的语句主要是赋值语句、输入/输出语句等。在 VB 中也有赋值语句；而输入/输出可以通过文本框控件、标签控件、Print 方法、InputBox 函数、MsgBox 函数和过程等来实现。

任务 6　使用简单 If 语句设计分支结构程序

计算机要处理的问题往往是复杂多变的，仅采用顺序结构是不够的。必须利用选择结构等来

解决实际应用中的各种问题。VB 中提供了多种形式的条件语句来实现选择结构，有 If 条件语句和 Select 情况语句等。它们都是对条件进行判断，根据判断结果，选择执行不同的分支。

对某个给定的条件进行判断或比较，并根据判断比较的结果采取相应的操作。这种操作通常使用条件分支结构来实现，VB 支持 3 种条件分支结构，并提供了多种形式的条件语句来实现条件分支结构。

一、任务分析

本任务使用的程序结构是 3 种条件分支结构中最简单的一种，如图 3-9 所示。

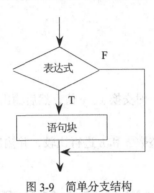

图 3-9　简单分支结构

二、相关知识

简单分支结构的两种格式如下。

（1）单行结构的语法格式为

```
If 条件表达式 Then 语句行
```

（2）块结构的语法格式为

```
If 条件表达式 Then
    语句块（可以是一句或多句语句）
End if
```

【说明】

表达式：关系表达式、逻辑表达式、算术表达式。表达式值按非零为 True，零为 False 进行判断。

该语句的作用是当表达式的值为 True，执行 Then 后面的语句块，否则不做任何操作。

三、任务实施

已知两个数 x 和 y，要求比较它们的大小，使得 x 大于 y。

启动 VB 集成开发环境，新建一工程，在窗体代码中编写代码如下：

```
If  x<y Then
    t=x
    x=y
    y=t
End If
```

或

```
If  x<y Then t=x: x=y: y=t
```

注意：简单 If 形式无 End If，只能是一句语句或语句间用冒号分隔，而且必须在一行上书写。

【总结】

在 If 语句中，常见的错误是在选择结构中缺少配对的结束语句。对多行式的 If 块语句中，应有配对的 End If 语句结束。

四、随堂练习

1. 编程，输入 x、y，仅当 $x<y$ 时交换 x、y 值，然后输出 x、y 的值。（利用输入对话框输入 x、y 的值。）

2. 设计程序，对输入的两个整数 a 和 b 进行比较，并输出其中较大的数。

任务 7   使用 If 语句设计分支结构程序

一、任务分析

在实际应用中，经常需要对某个给定的条件进行判断或者比较，并根据判断比较的结果采取相应的操作，本任务是使用 if 选择分支结构（双分支结构）来实现，在文本对话框内输入密码，如果正确，显示"密码正确，欢迎使用本系统！"；如果不正确，则显示"密码不正确，请重新输入密码！"，密码为"ABCD"。

二、相关知识

如图 3-10 所示，if 选择分支结构是对条件表达式进行判断，若为 True，执行 Then 后面的语句块 1，完毕后，再跳到 End If 后面去执行其他语句；若表达式的值为 False，则执行 Else 之后的语句块 2，然后再执行 End If 后面的其他语句。

其语法格式为

```
If 条件表达式 Then
    语句块 1
Else
    语句块 2
```

End If

或

If 表达式 Then　语句 1　Else 语句 2

当表达式的值为 True 时，执行 Then 后面的语句块 1，否则执行 Else 后面的语句块 2。

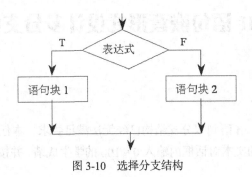

图 3-10　选择分支结构

三、任务实施

（1）启动 VB 集成开发环境，新建一工程，在窗体代码中编写代码如下：

```
Private Sub Form_Click()
    pswd1 = InputBox("请输入您的密码", "密码输入")  '用输入框函数输入用户密码
    pswd2 = UCase(pswd1)  '小写字母转化成大写字母
    If pswd2 = "ABCD" Then '这里设正确的密码是"ABCD"
    Print "密码正确，欢迎使用本系统! "
    Else
    Print "密码不正确，请重新输入密码! "
    End If
End Sub
```

（2）程序编辑结束运行后，在窗体上显示如图 3-11 所示运行结果。

图 3-11　条件分支运行结果

【总结】

不管有几个分支，依次判断，当某条件满足，执行相应的语句，其余分支不再执行；若条件都不满足，且有 Else 子句，则执行该语句块，否则什么也不执行。

四、随堂练习

1. 在窗体上用 3 个文本框输入 3 个整数，找出其中最大的数并显示在窗体上。

任务 8　使用 If 语句嵌套形式设计多分支结构程序

一、任务分析

当有多个条件选择时，if 语句双分支结构已经无法满足要求，本任务是使用 if 语句的多分支结构来实现任务：在弹出的文本对话框内输入 0 ~ 100 的学生成绩，并按照五级制在窗体上显示该生的等级制成绩。

二、相关知识

If…Then…ElseIf 语句
其语法格式是：

```
If 条件表达式 1 Then
    语句块 1
ElseIf 条件表达式 2 Then
    语句块 2
…
[Else
    语句块 n+1]
End If
```

【说明】
（1）ElseIf 不能写成 Else If，即中间不能有空格。
（2）在书写时，可以将 If 语句、ElseIf 子句、Else 子句和 End If 语句左对齐，而各语句组向右缩进若干空格，以使程序结构更清楚。
（3）严格按格式要求书写，不可随意换行或将两行合并成一行。
例如，对于条件结构：

```
If x >= 0 Then
    y = 1
Else
    y = 2
End If
```

（4）如图 3-12 所示，不管有几个分支，依次判断，当某条件满足，执行相应的语句，其余分支不再执行；若条件都不满足，且有 Else 子句，则执行该语句块，否则什么也不执行。

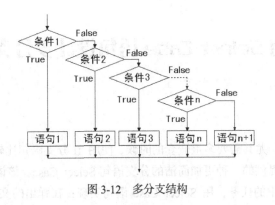

图 3-12　多分支结构

三、任务实施

（1）启动 VB 集成开发环境，新建一工程，在窗体代码中编写代码如下：

```
Private Sub Form_Click()
    Dim bGrade As Single, Dgrade As String
    bGrade = InputBox("请输入学生成绩: ", "成绩输入")
    If bGrade >= 90 Then
        Dgrade = "A"
    ElseIf bGrade >= 80 Then
        Dgrade = "B"
    ElseIf bGrade >= 70 Then
        Dgrade = "C"
    ElseIf bGrade >= 60 Then
        Dgrade = "D"
    Else
        Dgrade = "E"
    End If
    MsgBox "该生的等级制成绩为: " & Dgrade
End Sub
```

（2）程序编辑结束运行后，在窗体上输入学生成绩，在窗体上显示学生成绩等级。

【总结】

只要在一个分支内嵌套，不出现交叉，满足结构规则，其嵌套的形式将有很多种，嵌套层次也可以任意多。对于多层 IF 嵌套结构中，要特别注意 IF 与 Else 的配对关系，一个 Else 必须与 IF 配对，配对的原则是：在写含有多层嵌套的程序时，建议使用缩进对齐方式，这样容易阅读和维护。

四、随堂练习

1. 已知 x、y、z 三个数，使得 $x>y>z$，用一个 IF 语句和一个嵌套的 IF 语句实现。

任务 9   使用 Select Case 语句设计多分支结构程序

一、任务分析

当程序中分支较多，尤其需要多重嵌套的时候，使用 If 分支语句比较冗长，而且结构也不清晰，本任务使用了 VB 提供的一种更加简洁的分支语句 Select Case。该语句对一个结果的多种情况进行判断。修改上文中的任务，用 Select Case 语句实现：在弹出的文本对话框内输入 0 ~ 100 的学生成绩，并按照五级制在窗体上显示该生的等级制成绩。

二、相关知识

其语法格式为

```
Select Case 表达式
    Case <表达式列表 1>
            [语句块 1]
    Case <表达式列表 2>
            [语句块 2]
    Case <表达式列表 n>
            [语句块 n]
    Case Else
        [无匹配情况时执行该语句块]
End Select
```

【说明】

（1）<表达式>是 Case 子句测试的依据，常是变量或含变量的表达式 。

（2）<表达式列表表>相当于分支的条件，必须和<表达式>的值类型一致。

（3）<表达式列表>可以使用下列形式之一：

- 〈表达式 1〉[, 〈表达式 2〉]……
- 〈表达式 1〉To 〈表达式 2〉。
- Is <关系表达式>。

例如：

```
Case 1,3,4,7            表示当值为 1 或 3 或 4 或 7
Case 2 To 5,9 To 14     表示当值在区间[2, 5]或[9, 14]上时
Case Is<=6              表示当值小于或等于 6 时
Case 2,6 To 8,Is>14     表示当值为 2 或在区间[6, 8]上或大于 14 时
```

注意：测试表达式的类型应与 Case 后表达式类型一致，且 3 种形式可以混用，如

```
Case Is < -5 , 0 , 5 To 100
```

三、任务实施

（1）启动 VB 集成开发环境，新建一工程，在窗体代码中编写代码如下：

```
Private Sub Form_Click()
Dim bGrade As Single, Dgrade As String
bGrade = InputBox("请输入学生成绩: ", "成绩输入")
  Select Case bGrade
    Case Is >= 90
       Dgrade = "A"
    Case Is >= 80
       Dgrade = "B"
    Case Is >= 70
       Dgrade = "C"
    Case Is >= 60
       Dgrade = "D"
    Case Else
       Dgrade = "F"
  End Select
MsgBox "该生的等级制成绩为: " & Dgrade
End Sub
```

（2）程序编辑结束运行后，在窗体上输入学生成绩，在窗体上显示学生成绩等级。

【总结】

对于多分支结构，用 Select Case 语句比用 If...Then...ElseIf 语句直观，程序可读性强。但不是所有的多分支结构均可用 Select Case 语句代替 If...Then...ElseIf 语句。

任务 10　使用 For 语句设计循环结构程序

VB 中提供了两种类型的循环语句：一种是计数循环语句；另一种是条件型循环语句。VB 提供了 3 种不同风格的循环结构，分别是：计数循环（For—Next 循环）、当循环（While—Wend 循环）、Do 循环（Do—Loop 循环），其中计数循环常用于已知循环次数的循环，而当循环和 Do 循环适合于循环次数未知，只知道循环结束条件的循环。

一、任务分析

本任务使用 For 循环语句控制循环次数已知的循环结构。

二、相关知识

在循环次数已知的情况下，采用 For...Next 语句实现循环结构是比较合适的选择。For...Next 语句的格式如下：

```
For 循环计数器 = 初始值 To 终值 [Step 步长]
    [语句块]
    [Exit For]
```

```
    [语句块]
Next [循环变量]
```

循环流程如图 3-13 所示。

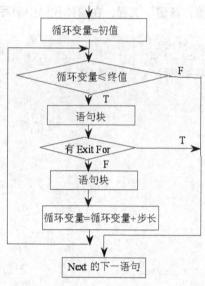

图 3-13　For 循环结构

（1）循环变量被赋初值，它仅被赋值一次。

（2）判断循环变量是否在终值内，如果是，执行循环体；如果否，结束循环，执行 Next 的下一语句。

（3）循环变量加步长，转（2），继续循环。

【说明】

（1）一般 For 循环用于循环次数已知的情况。

（2）步长可正可负。

（3）如果步长为正，则初始值必须小于等于结束值，否则不能执行循环内的语句。

（4）如果步长为负，则初始值必须大于等于结束值，这样才能执行循环体。

（5）如果没有设置 Step，则步长默认值为 1。

（6）For 循环是一种循环次数固定的循环结构，当已知需要让循环体执行一定的次数时，最好使用 For 循环。

（7）循环次数由初值、终值和步长确定，计算公式为

循环次数=Int（（终值-初值）/步长）+ 1

如果在中途想退出 For 循环控制结构，则可以用语句：Exit For。

三、任务实施

1. 用 For 循环编写程序求在整数 100～1000 内能被 77 整除的整数并在窗体上显示

（1）启动 VB 集成开发环境，新建一工程，在窗体代码中编写代码如下：

```
Private Sub Form_Click()
  For I = 100 To 1000 Step 1
           If I Mod 77 = 0 Then
           Print I; "能被77整除"
                 End If
     Next I
End Sub
```

（2）程序编辑结束运行后，如图 3-14 所示，在窗体上显示出程序筛选结果。

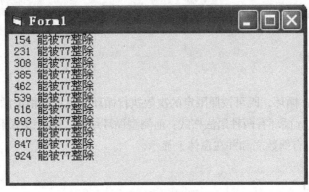

图 3-14　被 77 整除结果

2．用 For 循环实现找出第一个在 1～1000 中被 7 除余 5、被 5 除余 3、被 3 除余 2 的数

（1）启动 VB 集成开发环境，新建一工程，在窗体代码中编写代码如下：

```
Private Sub Form_Click()
Dim i As Integer
For i = 1 To 1000
   If i Mod 7 = 5 And i Mod 5 = 3 _
   And i Mod 3 = 2 Then
   Print i
   Exit For
   End if
Next i
End Sub
```

（2）程序编辑结束运行后，在窗体上显示出程序筛选结果：68。

【总结】

1．For 循环语句用于控制循环次数已知的循环结构，常见错误为循环结构中缺少配对的结束语句：For 缺少配对的 Next。

2．不循环或死循环的问题，主要是循环条件、循环初值、循环终值、循环步长的设置有问题。

四、随堂练习

1．For 循环求 1～100 的正整数的和。

2．For 循环求 1～10000 的奇数的和。

任务 11 使用 While 语句设计循环结构程序 1

While 循环（Do 循环）与 For 循环的区别在于：For 循环对循环体执行指定的次数；而 While
循环（Do 循环）则是在给定的条件为真时重复一组语句的执行。这就是说，通过 While 循环可以
指定一个循环终止的条件，而使用 For 循环只能进行指定次数的重复。因此，当需要由数据的某
个条件是否满足来控制循环时，使用 While 循环（Do 循环）比较灵活。

一、任务分析

本任务是使用 Do 循环，既可按照限定的次数执行循环，也可以根据循环条件的成立与否来
决定是否执行循环。Do 循环有两种语法格式：前测型循环结构、后测型循环结构。用前测型循环
结构求出 0～200 的所有偶数之和并在窗体上显示。

二、相关知识

前测型循环结构，其语法结构如下：

1. Do While…loop 循环结构

```
Do [{ While|Until} 条件]
    [语句块 1]
    [Exit Do]
    [语句块 2]
Loop
```

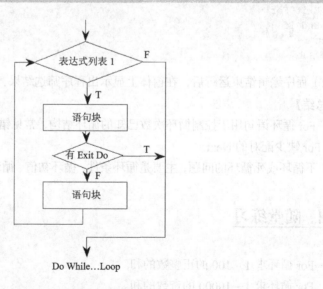

Do While…Loop

图 3-15 Do loop 前测循环结构

2．While…Wend 循环结构

```
While 条件表达式
    [语句块]
Wend
```

【说明】

（1）前测型循环结构为先判断后执行。

（2）如果条件表达式一开始便为 False，则一次也不会执行语句块。

（3）语句块中必须包含使循环趋于结束的语句。

（4）While…Wend 循环语句的特点是只要给定的条件表达式为真，程序就反复执行。

三、任务实施

（1）启动 VB 集成开发环境，新建一工程，在窗体代码中编写代码如下：

```
Private Sub Form_Click()
  Dim k As Integer, sum As Long
  k = 2
  sum = 0
  Do While k <= 200
      sum = sum + k
      k = k + 2
  Loop
  Print "0~200 之间的所有偶数之和为："; sum
End Sub
```

（2）程序编辑结束运行后，在窗体上显示出程序筛选结果：10100。

【总结】

1．当使用 While<条件>构成循环时，条件为"真"则反复执行循环体，条件为"假"，则退出循环。

2．当使用 Until <条件>构成循环时，条件为"假"则反复执行循环体，直到条件成立，即为"真"时，则退出循环。

四、随堂练习

求下列表达式的值：

$1-1/2+1/3-1/4+\cdots+(-1)n-1/n$ 计算到第 i 项的绝对值小于 0.0001 为止。

任务12　使用 While 语句设计循环结构程序 2

一、任务分析

本任务是使用 Do 后测型循环来实现对循环的执行，它与前测型结构在判定条件与执行次数

上有所区别。用后测型循环结构编程实现判断输入的任意正整数是否为素数（质数），并在窗体上显示。

- 素数：只能被 1 和它自身整除的数。
- 若 n 不能被 $2 \sim n-1$ 的任何一个数整除，则 n 就是素数。
- 如果 n 能被某一个整数整除，则可表示为 $n=a*b$。a 和 b 中必然有一个小于或等于 $Sqr(n)$。

因此，如果 n 不能被 $2 \sim Sqr(n)$ 中的任何一个数整除，则 n 就是素数。

二、相关知识

后测型循环结构，其语法结构如下：

```
Do
    [语句块 1]
    [Exit Do]
    [语句块 2]
Loop [{ While|Until} 条件]
```

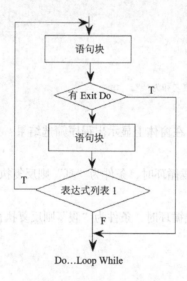

图 3-16　Do loop 后测型循环结构

【说明】

（1）先执行语句块，然后在每次执行后判断条件表达式的值。

（2）保证循环语句块至少执行一次。

（3）使用循环结构时要注意防止出现"死循环"，即永远也不可能跳出循环。

例：

```
s=0
i=1
Do While   i<10
    s=s+i
Loop
```

三、任务实施

（1）启动 VB 集成开发环境，新建一工程，在窗体上添加一个命令按钮 Command1，在命令按钮单击事件代码中编写代码如下：

```
Private Sub Command1_Click()
 Dim n As Integer, i%
 n = InputBox("请输入一个", "判断素数")
 i = 2
 Do While i <= Sqr(n)
    If n Mod i = 0 Then Exit Do
    i = i + 1
 Loop
 If i > Sqr(n) Then
       MsgBox n & "是素数"
 Else
       MsgBox n & "不是素数"
 End If
End Sub
```

（2）程序编辑结束运行后，在窗体上显示文本输入框，输入大于 2 的整数，单击命令按钮，在窗体上显示出输入数值的素数，如图 3-17 所示。

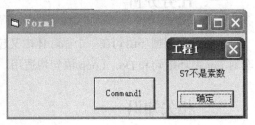

图 3-17 判断素数

【总结】

1. 在循环体内一般应有一个专门用来改变条件表达式中变量的语句，以使随着循环的执行，条件趋于不成立（或成立），最后达到退出循环的目的。

2. 语句 Exit Do 的作用是退出它所在的循环结构，它只能用在 DO Loop 结构中，并且常常是同选择结构一起出现在循环结构中，用来实现当满足某一条件时提前退出循环。

四、随堂练习

1. 计算两个数的最大公约数和最小公倍数。
2. 设计程序，按如图 3-18 所示格式打印九九乘法表。

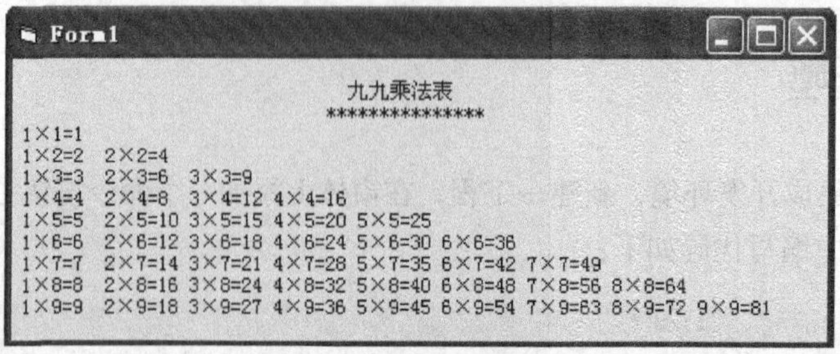

图 3-18　九九乘法表

任务 13　使用 While 语句设计循环结构程序 3

在循环体内再进行其他循环操作，在内嵌的循环中还可以再包括循环，这种在一个循环的循环体内又含有另外一个循环的循环结构称之为多重循环，也称为循环的嵌套。

在嵌套结构中，对嵌套的层数没有限制，有几层嵌套，就说是几重循环。通常我们把嵌套在一个循环体内部的循环部分称之为内循环，把嵌套了其他内循环的循环部分称之为外循环。嵌套时，内层循环必须完全包含在外层循环之内，不能相互"骑跨"。

多重循环的执行过程是：外循环每执行一次，内循环都要从头到尾执行一遍。

一、任务分析

本任务使用循环语句在一个循环体内又包含了一个完整的循环结构称为循环的嵌套。循环嵌套对 For 循环语句和 Do...Loop 语句均适用。

二、相关知识

（1）多重循环即循环结构的完全嵌套。

（2）内层循环的控制变量一般与外层循环的控制变量不同名。

三、任务实施

1. 用循环嵌套语句编程实现：计算 1+（1+2）+（1+2+3）+…+(1+2+…+100)

（1）启动 VB 集成开发环境，新建一工程，在窗体事件代码中编写代码如下：

```
Private Sub Form_Click()
    Dim sum1&, sum2&
    Dim i%, j%
    sum1 = 0
    For i = 1 To 100
        sum2 = 0
        For j = 1 To i
            sum2 = sum2 + j
```

```
      Next j
      sum1 = sum1 + sum2
    Next i
    Print sum1
End Sub
```

（2）程序编辑结束运行后，在窗体上显示出程序筛选结果：171700。

2．运行时单击命令按钮后，输入 *n*（*n*<10），然后在窗体内输出 1 个如图 3-19 所示的 *n* 层数字金字塔（图中所示是输入 *n*=7 的结果）

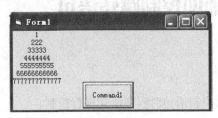

图 3-19   数字金字塔

（1）启动 VB 集成开发环境，新建一工程，在窗体上添加一个命令按钮 Command1,在命令按钮单击事件代码中编写代码如下：

```
Private Sub Command1_Click()
  Dim i As Byte, j As Byte, n As Byte
  Do
    n = InputBox("n=", "输入 1-9 之间的整数")
  Loop While n < 1 Or n > 9
  For i = 1 To n
    Print Tab(n - i + 1);   ' 设置该行输出的起始位置
    For j = 1 To 2 * i - 1
        Print Trim(Str(i));
    Next j
  Next i
End Sub
```

（2）程序编辑结束运行后，在窗体上显示文本输入框，输入数值 7，结果如图 3-19 所示。

【总结】

1．如果在一个循环内完整地包含另一个循环结构，则称为多重循环，或循环嵌套，嵌套的层数可以根据需要而定，嵌套一层称为二重循环，嵌套二层称为三重循环。

2．几种循环语句比较如表 3-5 所示。

表 3-5   几种循环语句对比

	For....to Next	Do While/Until.... Loop	Do... Loop While/Until...
循环类型	当型循环	当型循环	直到循环
循环控制条件	循环变量大于或小于终值	条件成立/不成立执行循环	条件成立/不成立执行循环
循环变量初值	在 FOR 语句行中	在 DO 之前	在 DO 之前
使循环结束	For 语句中无需专门语句	必须用专门语句	必须使用专门语句
使用场合	循环次数容易确定	循环/结束控制条件易给出	循环/结束控制条件易给出

四、随堂练习

1. 找出 1～100 中所有素数，并以 4 个一行打印在窗体上。

2. 鸡翁一，值钱五；鸡母一，值钱三；鸡雏三，值钱一；百钱买百鸡，问鸡翁、母、雏各几何？

任务 14 使用辅助控制跳转语句

一、任务分析

本任务使用 VB 其他辅助控制语句对程序语句进行控制。

二、相关知识

1. Go to 语句

其语法格式如下：

```
Goto {标号|行号}
```

【说明】

（1）无条件转移到标号或行号指定的语句。

（2）Go to 语句只能转移到同一过程的标号或行号处，标号是一个字符串，首字符必须为字母，与大小写无关，任何转移到的标号后应有冒号；行号是一个数字序列。

（3）Go to 语句使用频率过高，会使程序结构不清晰，可读性变差。因此，应尽量少用或不用 Goto 语句，用选择结构或循环结构代替。

（4）Go to 语句举例：求 100 以内的素数。

```
Private Sub Form_Click()
    j = 0
    For m = 2 To 100' 从 2 开始循环一直到 100
        For i = 2 To m - 1
        '判断当前数是否能被任何小于当前值的数整除，如果能，那么不是素数，直接跳到标签 NextM
            If (m Mod i) = 0 Then GoTo NextM
        Next i
        '这个数是素数，打印出来
        Print m; " ";
        j = j + 1
        '每答应 10 个素数则打印一空行
        If j = 10 Then j = 0: Print
NextM:
    Next m
End Sub
```

2．End 语句

其语法格式如下：

```
End
```

【说明】

End 用于结束一个程序的运行，它可以放在任何事件过程中。

【总结】

Go To 语句不易在程序中过多使用，容易造成程序可读性差，End 语句要配合别的语句一起使用。

项目实训

1．计算整数 X 各个位数的和值。

2．输入一个正整数，将其倒序输出。

3．输入一个字符串，统计"B"出现的次数。

4．编程实现如图 3-20 所示图形，当在文本框输入数值后单击命令按钮，则在窗体上打印出与输入数值相对应的星型。

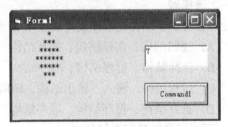

图 3-20　星型金字塔

5．已知公鸡每只 5 元、母鸡每只 3 元、小鸡 1 元 3 只。求出用 100 元买 100 只鸡的解。

6．小猴在一天摘了若干个桃子，当天吃掉了一半多一个；第二天吃了剩下的一半多一个；以后每天都吃尚存的一半零一个，到第 7 天早上要吃时只剩下一个了，计算猴子共摘了多少个桃子，并将结果输出来。

7．我国现有人口 13 亿，设年增长率为 0.75%，编写程序，计算多少年后将超过 19 亿。

8．编写程序输出 100～200 之间不能被 3 整除的自然数。

9．编写程序计算 S 的近似值，直到最后一项的绝对值小于 10^{-5} 为止。并用 Print 方法输出计算结果。其中：

$$S = 1 - \frac{1}{2} + \frac{1}{3} - \frac{1}{4} + \cdots\cdots + (-1)^{k+1}\frac{1}{K}$$

10. 假设某项税收的规定如下：

- 收入在 600 元以内，免征；
- 收入在 600～1200 元，超过 600 元的部分纳税 3%；
- 收入超过 1200 元时，超过的部分纳税 4%；
- 收入超过 2400 元时，超过的部分纳税 6%。

试编程实现上述操作。

11. 编写程序，用 InputBox 函数输入 3 个正整数，打印其中最大的数。

12. 编写程序，任意输入 3 个整数 A、B、C，按由大到小顺序把它们打印出来。

13. 编写程序，计算 $\sin x \approx x - \dfrac{x^3}{3!} + \dfrac{x^5}{5!} + \cdots + (-1)^{n-1} \dfrac{x2^{n-1}}{(2n-1)!}$ 直到第 n 项的绝对值小于 10^{-8}。

14. 编写程序，输出 1000 之内的所有完数。"完数"是指一个数恰好等于它的因子之和，如 6 的因子为 1、2、3，而 6=1+2+3，因而 6 是完数。

15. 编写程序，建立并输出一个 10×10 的矩阵，该矩阵两条对角线上的元素为 1，其余元素均为 0。

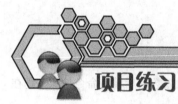

项目练习

一、选择题

1. VB 提供了结构化程序设计的 3 种基本结构，这 3 种基本结构是（   ）。

    A. 递归结构、选择结构、循环结构

    B. 选择结构、过程结构、顺序结构

    C. 过程结构，输入、输出结构，转向结构

    D. 选择结构、循环结构、顺序结构

2. 下面正确的赋值语句是（   ）。

    A. x+y=30   B. y=π *r*r

    C. y=x+30   D. 3y=x

3. 赋值语句：a=123&MID("123456",3,2)执行后，a 变量中的值是（   ）。

    A. "12334"   B. 123

    C. 12334   D. 157

4. 给 x、y、z 这 3 个变量赋初值 1，下面正确的赋值语句是（   ）。

    A. x=1：y=1：z=1   B. x=1,y=1,z=1

    C. x=y=z=1   D. xyz=1

5. 下面程序段求两个数中的大数，不正确的是（   ）。

    A. Max=IIf(x>y,x,y)

    B. If x>yThen Max=x Else Max=y

    C. Max=x

    D. If y>=x Then Max=y If y>x Then Max=y Max=x

6. 下面程序段：

```
Dim x
If x Then
Print x
Else
Print x+1
```

运行后，显示的结果是（　　）。

  A. 1   B. 0   C. -1   D. 显示出错信息

7. 语句 If x=1 Then y=1，下列说法正确的是（　　）。

  A. x=1 和 y=1 均为赋值语句

  B. x=1 和 y=1 均为关系表达式

  C. x=1 为关系表达式，y=1 为赋值语句

  D. x=1 为赋值语句，y=1 为关系表达式 x>=1

二、填空题

1. 在 VB 中声明符号常量的关键字是_____。

2. 设 $a=1$，$b=2$，$c=3$，则 VB 6.0 表达式：$a<b$ or $b<c$ and $c<a$ 的值是_____。

3. "a","T","Z","9"，这 4 个字符中，_____的 ASCII 码值最大。

4. 执行语句 B = MsgBox("XXX",,"YYY")后，在消息框中的标题信息是_____。

5. 函数 Len("Hello!"+Space(2)+Mid("Shanghai",5,3))的值是_____。

6. 表达式 Ucase(Mid("abcdefgh",3,4)) 的值是_____。

7. 表达式 Int(1234.555*100+0.5)/100 的结果是_____。

8. 使用数组声明语句 Dim a(3, -2 TO 2, 5)，则数组 a 包含元素的个数有_____。

9. For-Next 循环的<step>子句默认时，循环变量每次改变的值是_____。

10. 填空，使得程序运行后，能在窗体上打印如图 3-21 所示的图案。

图 3-21　程序运行结果

```
Private Sub Form_Click()
Print
   For i = 1 To 4
      Print Tab(8 - i);
      For j = 1 To 8
      Print "*";
      _____
      Print
 Next i
End Sub
```

11. 下面程序的功能是利用随机函数产生 10 个（1～100）之间的随机整数，打印其中能被 5 整除的数并求其和，请用正确的内容填空。

```
Private Sub Form_Click()
Dim sum As Integer, x As Integer
For i = 1 To 10
x = Int(Rnd * 100 + 1)
        If _____ = 0 Then
        sum = sum + x
        Print "x="; x
        End If
Next i
If sum <> 0 Then
        Print "sum="; sum
End If
End Sub
```

12. 用正确的内容填空，使得以下程序能够找出 50 以内所有能构成直角三角形的整数。

```
Private Sub Form_Click()
Dim a As Integer, b As Integer
Dim c As Single
For a = 1 To 50
        For b = a To 50
        c = Sqr(a ^ 2 + b ^ 2)
        If _____ Then Print a, b, c
Next b
Next a
End Sub
```

13. 用正确的内容填空，使得以下程序能够计算 1+1/3+1/5+……+1/(2N+1)，直到 1/(2N+1)小于 10^{-5}。

```
Private Sub Form_Click()
sum = 1: n = 1
Do
n = n + 2
temp = 1 / n
sum = sum + temp
If temp < 0.00001 Then _____
Loop
Print "N="; n
Print "sum="; sum
End Sub
```

14. 某大奖赛，有 7 位评委给参赛选手打分。以下程序是输入 7 位评委对某选手的打分后，去掉最高分和最低分后计算其平均值作为该选手的成绩。请填空使得程序能正确运行。

```
Private Sub Form_Click()
sum = 0
For i = 1 To 7
        cj = Val(InputBox("请输入第" & i & "位评委的打分", "录入"))
        If i = 1 Then
        Max = cj
        Min = cj
```

```
    Else
        If Min > cj Then
        Min = cj
ElseIf Max < cj Then
        Max = cj
        End If
      End If
      sum = sum + cj
    Next i
    aver = _____
    Print "该选手的成绩为: ", aver
End Sub
```

15. 以下程序用随机函数模拟掷骰子，统计掷 50 次骰子出现各点的次数，请用正确的内容填空。

```
Private Sub Form_Click()
Dim a(1 To 6) As Integer
Randomize
For i = 1 To 50
 n = _____
 a(n) = a(n) + 1
      Next i
For i = 1 To 6
      Print i; "点出现"; a(i); "次"
Next i
End Sub
```

16. 执行下面程序后，显示的结果是_____。

```
Private Sub Form_Click()
Dim x As Integer
x = Int(Rnd) + 4
Select Case x
Case 5
      Print "优秀"
Case 4
      Print "良好"
Case 3
      Print "及格"
Case Else
      Print "不及格"
End Select
End Sub
```

17. 执行下面程序段后，变量 x 的值为_____。

```
Dim x As Integer
x = 5
For i = 1 To 20 Step 3
          x = x + i \ 5
Next i
```

18. 执行下面程序后，输出的结果是_____。

```
Private Sub Form_Click()
Dim x As Integer
For i = 1 To 3
        For j = 1 To i
        For k = j To 3
         x = x + 1
        Next k
        Next j
Next i
Print x
End Sub
```

19. 执行下面程序后，输出的结果是_____。

```
Private Sub Form_Click()
Dim x As Integer
x = 0
Do While x < 50
        x = (x + 2) * (x + 3)
        n = n + 1
Loop
Print "x="; x; "n="; n
End Sub
```

20. 执行下面程序后，输出的结果是_____。

```
Private Sub Form_Click()
Dim x As Integer, a As Integer
x = 0
For j = 1 To 5
 a = a + j
    Next j
    x = j
    Print x, a
End Sub
```

21. 以下程序的循环次数是_____。

```
For j = 8 To 35 Step 3
        Print j;
Next j
```

22. 执行下面程序输入"4"后，程序输出的结果是_____。

```
Private Sub Form_Click()
x = InputBox(x)
If x ^ 2 < 15 Then y = 1 / x
If x ^ 2 > 15 Then y = x ^ 2 + 1
Print y
End Sub
```

23. 执行下面程序后，输出的结果是_____。

```
Private Sub Form_Click()
Dim sum As Integer
sum% = 19
sum = 2.23
Print sum%; sum
End Sub
```

24. 执行下面程序后，输出的结果是_____。

```
Private Sub Form_Click()
a = 100
        Do
        s = s + a
        a = a + 1
Loop Until a > 100
Print a
End Sub
```

25. 执行下面程序后，输出的结果是_____。

```
Private Sub Form_Click()
a = "ABCD"
b = "efgh"
c = LCase(a)
d = UCase(b)
Print c + d
End Sub
```

26. 执行下面程序后，输出的结果是_____。

```
Private Sub Form_Click()
x = 2: y = 4: z = 6
x = y: y = z: z = x
Print x; y; z
End Sub
```

27. 执行下面程序后，输出的结果是_____。

```
Private Sub Form_Click()
Dim count As Integer
count = 0
While count < 20
        count = count + 1
Wend
Print count
End Sub
```

28. 执行下面程序后，输出的结果是_____。

```
Private Sub Form_Click()
a = "*": b = "$"
For k = 1 To 3
x = Str(Len(a) + k) & b
```

```
Print x;
Next k
End Sub
```

29. 执行下面程序后，输出的结果是_____。

```
Private Sub Form_Click()
k = 0: a = 0
Do While k < 70
k = k + 2
k = k * k + k
a = a + k
Loop
Print a
End Sub
```

30. 执行下面程序后，输出的结果是_____。

```
Private Sub Form_Click()
Dim M(10) As Long, N(10) As Long
i = 3
For t = 1 To 5
M(t) = t
N(i) = 2 * i + t
Next t
Print N(i); M(i)
End Sub
```

31. 执行下面程序后，输出的结果是_____。

```
Private Sub Form_Click()
Dim a()
a = Array(1, 2, 3, 4)
j = 1
For i = 3 To 0 Step -1
s = s + a(i) * j
j = j * 10
Next i
Print s
End Sub
```

32. 执行下面程序后，输出的结果是_____。

```
Private Sub Form_Click()
Dim M(10)
For k = 1 To 10
M(k) = 11 - k
Next k
x = 6
Print M(2 + M(x))
End Sub
```

33. 执行下面程序后，输出的结果是_____。

```
Private Sub Form_Click()
Dim a(10) As Integer, p(3) As Integer
```

```
k = 5
For i = 1 To 10
a(i) = i
Next i
For i = 1 To 3
p(i) = a(i * i)
Next i
For i = 1 To 3
k = k + p(i) * 2
Next i
Print k
End Sub
```

34. 执行下面程序后，输出的结果是_____。

```
Private Sub Form_Click()
Dim a(10, 10) As Integer
For i = 2 To 4
For j = 4 To 5
a(i, j) = i * j
Next j
Next i
Print a(2, 5) + a(3, 4) + a(4, 5)
End Sub
```

35. 以下程序运行的结果是_____。

```
Option Base 1
Private Sub Command1_Click()
    Dim a,b(3,3)
    a=array(1,2,3,4,5,6,7,8,9)
    For i=1 To 3
        For j=1 To 3
         b(i,j)=a(i*j)
         If (j>=i) Then Print Tab(j*3);Format(b(i,j),"# # #");
        Next j
      Print
    Next i
End Sub
```

A. 1 2 3　　　　B. 1　　　　　　C. 1 4 7　　　　D. 1 2 3
　　4 5 6　　　　　　4 5　　　　　　　2 4 6　　　　　　4 6
　　7 8 9　　　　　　7 8 9　　　　　　3 6 9　　　　　　　9

项目4
设计用户界面

本项目主要介绍几个常用的控件以及多窗体，主要包括：单选按钮与复选框、框架、列表框和组合框、计时器、图片框与图像框、滚动条等内容。

【学习目标】
（1）了解和掌握基本控件的使用。
（2）会使用单选按钮、复选框、计时器、列表框和组合框、滚动条等控件设计用户界面。
（3）能掌握基本控件的属性、事件和方法。
（4）能编程实现每个控件的基本功能。

任务1 使用单选按钮

一、任务分析

本任务是使用单选按钮实现显示不同字体的小程序，通过对单选按钮的编程实现字体的变换，熟悉单选按钮的使用。

二、相关知识

单选按钮（OptionButton）通常成组出现，主要用于处理"多选一"的问题。用户在一组单选按钮中必须选择一项，并且最多只能选择一项。当某一项被选定后，其左边的圆圈中出现一个黑点。

1．属性

（1）Value 属性

Value 属性是单选按钮最重要的属性，用来表示单选按钮选中或不被选中的状态。True 为选中，False 为不被选中。

（2）Caption 属性

Caption 属性显示出现在单选按钮旁边的文本。

2．事件

单选按钮常用事件是 Click 事件，单击按钮，会使其 Value 值变为 True。

3．方法

SetFocus 方法是单选按钮最常用的方法，可以在编程时通过该方法将 Value 的值变为 True，但必须保证此单选按钮的 Visible 和 Enabled 属性的值为 True。

三、任务实施

（1）启动 VB 集成开发环境，在窗体上建立 1 个标签和 3 个单选按钮，如图 4-1 所示。

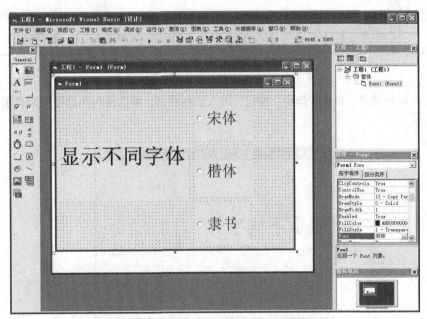

图 4-1　建立 1 个标签和 3 个单选按钮

（2）图 4-1 中控件主要属性的设置如表 4-1 所示。

表 4-1　控件主要属性的设置

对　　象	属　　性	属性的值
Label1	Caption	显示不同字体
Option1	Caption	宋体
Option2	Caption	隶书
Option3	Caption	楷体

（3）编写事件过程。双击"宋体"单选按钮打开代码编辑窗口编写事件过程代码，如图 4-2 所示。

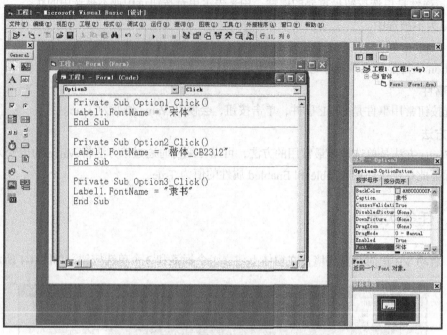

图 4-2　代码编辑窗口编写事件过程代码

（4）程序运行结果。单击"运行"按钮，进入运行状态，单击任一单选按钮则显示相应字体，如图 4-3 所示。

图 4-3　运行界面

【总结】

本任务编程代码中有以下语句：Private Sub Option1_Click()表示单击单选按钮，即单选按钮被选中，Label1.FontName ="宋体"则表示将标签的字体属性的值设为"宋体"。

四、随堂练习

设计如图 4-4 所示的界面，并实现单击"开始"命令按钮实现显示不同字体。

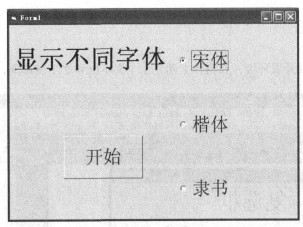

图 4-4　运行界面

任务 2　使用复选框

一、任务分析

本任务是使用复选框控制文本是否加下划线和斜体显示，以便熟悉复选框如何设计及编程实现。

二、相关知识

复选框（CheckBox）也称检查框，单击复选框一次时被选中，左边出现"√"号，再次单击则取消选中，清除复选框中的"√"。可同时使多个复选框处于选中状态，这一点和单选按钮不同。

1．属性

（1）Value 属性。

复选框的 Value 属性与单选按钮不同，为数值型数据，用于决定复选框的状态：0—未选中，1—已选中，2—变灰暗（禁止用户访问）。

（2）Caption 属性。

Caption 属性显示出现在复选框旁边的文本。

2．事件

复选框常用事件是 Click 事件，单击可改变其状态。

3．方法

复选框也可使用 SetFocus 方法，但是和单选按钮不同，该方法只能获得焦点，不能改变其 Value 的值。

三、任务实施

（1）启动 VB 集成开发环境，在窗体上建立 1 个文本框和 2 个复选框，如图 4-5 所示。

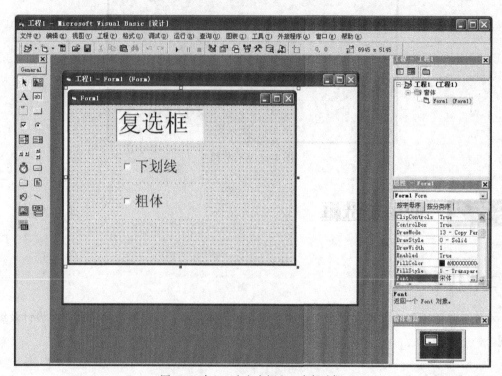

图 4-5　建立 1 个文本框和 2 个复选框

（2）图 4-5 中控件主要属性的设置如表 4-2 所示。

表 4-2　控件主要属性的设置

对　　象	属　　性	属性的值
Text1	Text	复选框
Check1	Caption	下划线
Check2	Caption	粗体

（3）编写事件过程。双击"下划线"复选框打开代码编辑窗口编写事件过程代码，如图 4-6 所示。

（4）程序运行结果。单击"运行"按钮，进入运行状态，单击相应复选框则在文本框中显示下划线或粗体，并可同时显示，如图 4-7 所示。

【总结】

本任务编程代码中有以下语句：Check1_Click（）过程用来测试复选框的 Value 属性值是否为 1，若为 1 则把文本框的 FontUnderline 属性设置为 1（加下划线）；否则设置为 False（取消下划线），Check2_Click()过程作用与此类似。

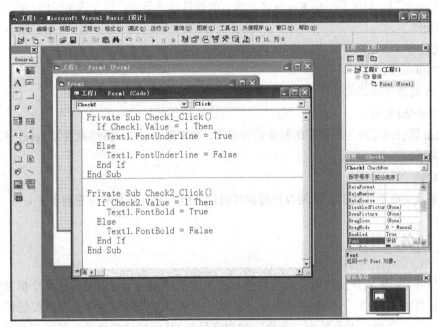

图 4-6   复选框代码编辑窗口

图 4-7   复选框运行界面

任务3   使用框架

一、任务分析

本任务是使用两个单选按钮组来改变文本框中文字的颜色和大小，并且将每一组单选按钮用框架框起来，这样在一个框架内的单选按钮成为一组，对一组单选按钮的操作不会影响其他组的单选按钮，熟悉框架的使用。

二、相关知识

在窗体上创建框架及其内部控件时，应先添加框架控件，然后在框架内添加控件，不能先画出控件再添加框架。如果要用框架将窗体上现有的控件进行分组，可先选定控件，将它们剪切后粘贴到框架中。

1．属性

（1）Caption 属性。

Caption 属性即框架的标题，位于框架的左上角，用于注明框架的用途。

（2）Enabled 属性。

Enabled 属性用于决定框架中的对象是否可用，通常把 Enabled 属性设置为 True，以使框架内的控件成为可以操作的。

2．事件

在大多数情况下，我们用框架控件对控件进行分组，没有必要响应它的事件。

三、任务实施

（1）启动 VB 集成开发环境，设计界面：在窗体上添加一个标签控件，两个框架控件，在一个框架控件内添加 3 个单选按钮控件，在另一个框架控件内添加两个单选按钮控件。两个框架的 Caption 属性分别设置为"颜色"和"字号"，其他控件属性的设置可以按照图 4-8 所示进行。

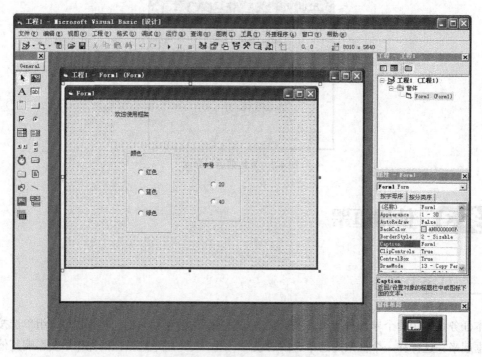

图 4-8　建立框架和单选按钮

（2）编写事件过程。双击"红色"单选按钮打开代码编辑窗口编写事件过程代码，如图 4-9所示。

（3）程序运行结果。单击"运行"按钮，进入运行状态，可分别单击颜色框体中的颜色按钮和字号框体中的字号按钮，如图 4-10 所示。

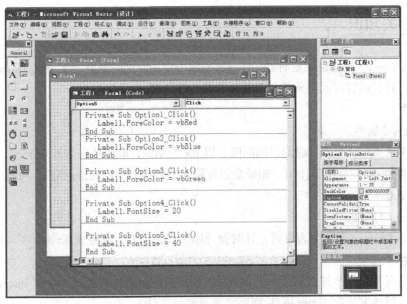

图 4-9 框架代码编辑窗口

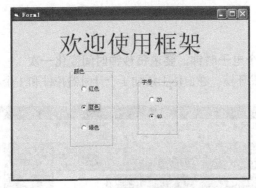

图 4-10 框架运行界面

【总结】

本任务编程代码中主要还是运用了之前学过的单选按钮的单击事件，比如程序代码中的 Private Sub Option1_Click()

```
    Label1.ForeColor = vbRed
End Sub
```

其实就是单击"红色"单选按钮，将标签的前景色设置为红色，其他按钮类似。

任务 4 使用计时器

一、任务分析

本任务通过两个实验来了解计时器以及掌握如何设置计时器的属性和怎样编程实现其功能。

二、相关知识

计时器（Timer）控件也叫定时器，计时器每隔一定的时间间隔就产生一次 Timer 事件，用户可以根据这个特性设置时间间隔控制某些操作或用于计时。

1. 属性

（1）Interval 属性。

该属性用来决定计时器计时的时间间隔，以 ms 为单位，取值范围为 0~65535，该属性的默认值为 0，即计时器控件不起作用。如果希望每隔 0.2 秒执行一次 Timer 事件，可将 Interval 属性的值设置为 200。

（2）Enabled 属性。

计时器的 Enabled 属性为为真时，计时器开始工作，反之，则停止工作。

2. 事件

计时器只有 Timer 事件，对于一个含有计时器控件的窗体，每经过一段由 Interval 属性指定的时间间隔，就触发一次 Timer 事件。

三、任务实施

1. 在窗体上创建一个电子时钟，要求每秒钟时间变化一次

（1）启动 VB 集成开发环境，在窗体上添加 1 个计时器控件和 1 个文本框，如图 4-11 所示。

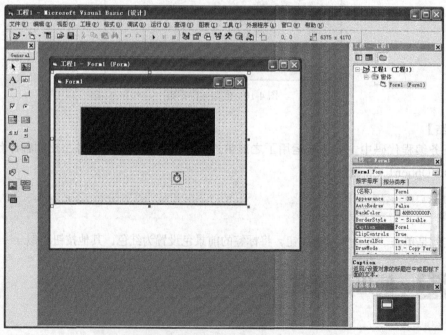

图 4-11　在窗体上添加 1 个计时器控件和 1 个文本框

（2）图 4-11 中控件主要属性的设置如表 4-3 所示。

表 4-3　计时器控件和文本框主要属性的设置

对　象	属　性	属性的值
Timer1	Interval	1000
Text1	Text	设置为空
	BackColor	黑色
	ForeColor	绿色

（3）双击计时器控件打开代码编辑窗口编写事件过程代码，如图 4-12 所示。

代码中 Text1.Text = Time 的意思是将 Time 函数返回的系统时间显示在文本框中。

（4）单击"运行"按钮，进入运行状态，显示当前系统时间，如图 4-13 所示。

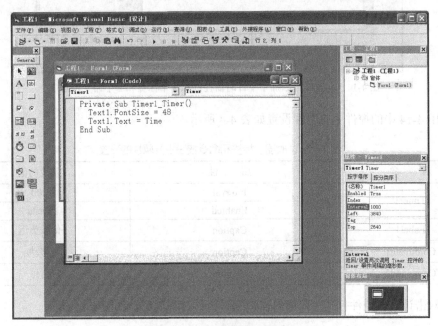

图 4-12　电子时钟代码编辑窗口

图 4-13　电子时钟运行界面

2．做一个"伦敦奥运"的横幅，并且可以通过按钮控制其在窗体上一直向左移动和停止移动

（1）启动 VB 集成开发环境，在窗体上添加 1 个计时器控件和 1 个标签和 2 个命令按钮，如图 4-14 所示。

图 4-14　在窗体上添加 1 个计时器控件和 1 个标签和 2 个命令按钮

（2）图 4-14 中的控件主要属性设置如表 4-4 所示。

表 4-4　计时器、标签和命令按钮主要属性的设置

对　象	属　性	属性的值
Timer1	Interval	200
	Enabled	Fasle
Label1	Caption	伦敦奥运
Command1	Caption	移动
Command2	Caption	暂停

（3）双击计时器控件打开代码编辑窗口编写事件过程代码，如图 4-15 所示。

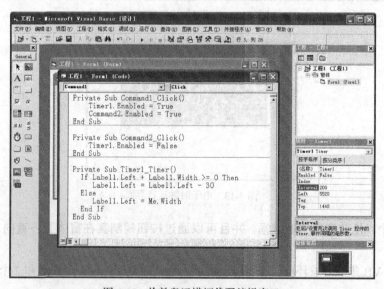

图 4-15　伦敦奥运横幅代码编辑窗口

程序代码中:

```
Private Sub Timer1_Timer()
  If Label1.Left + Label1.Width >= 0 Then
      Label1.Left = Label1.Left - 30
  Else
      Label1.Left = Me.Width
  End If
End Sub
```

表示每执行一次 Timer 时间,标签就向左移动 30twips(缇),当标签全部移出窗体左端,会再从窗体的右端移动出来。而两个命令则用来控制横幅的移动与暂停。

(4)单击"运行"按钮,进入运行状态,单击移动命令按钮,横幅开始移动,如图 4-16 所示。

图 4-16 电子时钟运行界面

【总结】

从两个实验中可以看到,在 VB 中可以用 Time 函数获取系统时间,而 Timer 事件是 VB 中每隔一段时间而触发的事件,和 Time 函数是两个不同的概念。计时器控件只在设计时出现在窗体上,可以选定这个控件,查看属性,编写事件过程,但是在运行时,计时器不可见,所以在设计时其位置无所谓,大小也不可调节。

四、随堂练习

设计一个炸弹爆炸的倒计时器。

任务 5 使用列表框和组合框

一、任务分析

本任务通过两个实验来了解列表框和组合框的功能,主要掌握它们的属性和方法在编程中的应用。

二、相关知识

列表框（ListBox）控件将一系列的选项组合成一个列表，用户可以选择其中的一个或几个选项，但不能向列表清单中输入项目；组合框（ComboBox）控件是综合了文本框和列表框特性而形成的一种控件，用户可通过在组合框中输入文本来选定项目，也可从列表中选定项目。

列表框控件的主要用途是提供列表式的多个数据项供用户选择。在列表框中放入若干个项的名字，用户可以通过单击某一项或多项来选择自己所需要的项目。如果放入的项较多，超过了列表框设计时可显示的项目数，则系统会自动在列表框边上加一个垂直滚动条。

组合框（ComoBox）是一种兼有列表框和文本框功能的控件。它可以像列表框一样，让用户通过鼠标选择所需要的项目；也可以像文本框一样，用输入的方式选择项目。如果项目过多，也会自动出现滚动条。

1. 属性

（1）List 属性。

列表框和组合框的 List 属性是一个字符串数组，用来保存列表框或组合框中的各个数据项内容，数组的每一项都是一个列表项，并且 List 数组的下标从 0 开始，即 List(0)保存表中的第一个数据项的内容，List(1)保存表中第二个数据项的内容，依次类推。

用 List 属性设置列表项中的数据项的方法如下：

选择属性列表中的 List 属性，按下它右方的下拉按钮，输入列表项中的一项数据，如需输入多项数据，则在一项数据输入后，按下 Ctrl+Enter 组合键换行，接着输入下一项数据；输入最后一项后，按下 Enter 键表示输入结束。

如图 4-17 所示，输入数据的顺序为："第一项 Ctrl+Enter……第四项 Enter"。

图 4-17　List 属性

（2）ListCount 属性。

ListCount 属性记录了列表框和组合框中的列表项目的个数，即数组的个数，只能在程序中引用该属性。

（3）ListIndex 属性。

ListIndex 属性是 List 数组中被选中的列表项的下标值（即索引号）。第一个项目的索引为 0，最后一个项目的索引为 ListCount-1。如果用户没有从列表框中选择任何一项，则 ListIndex 为 1。程序运行时，可以使用 ListIndex 属性判断列表框中哪一项被选中。

例如，在列表框 List1 中选中第 2 项，即 List1.List 数组的第二项，则 ListIndex＝1（ListIndex 从 0 开始）。

ListIndex 属性不能在设计时设置，只有程序运行时才起作用。

（4）Text 属性。

Text 属性用于存放被选中列表项的文本内容。该属性是只读的，不能在属性窗口中设置，也不能在程序中设置，只用于获取当前选定的列表项的内容。可在程序中引用 Text 属性值。

（5）Style 属性。

列表框和组合框虽然都有 Style 属性，但是含义不同。

列表框的 Style 属性的值为 0 时（默认值）是标准列表框，为 1 时则是带复选框的列表框。组合框的 Style 属性的值为 0 时是下拉式组合框，为 1 时是简单组合框，为 2 时是下拉式列表框。

（6）Selected 属性。

Selected 属性是一个逻辑数组，其元素对应列表框中相应的项，表示相应的项在程序运行期间是否被选中。例如，Selected（0）的值为 True 或写成 List1.selected（0）表示第一项被选中；如为 False，表示未被选中。

（7）MultiSelect 属性。

MultiSelect 属性值表明是否能够在列表框控件中进行复选以及如何进行复选。它决定用户是否可以在控件中做多重选择，它必须在设计时设置，运行时只能读取该属性。MultiSelect 属性值的说明如表 4-5 所示。

表 4-5　MultiSelect 属性说明

属　性　值	说　　　明
0　（默认值）	不允许复选
1　简单复选	可同时选择多个项，用鼠标单击或按下 Space 键（空格键）在列表中选中或取消选中项
2　扩展复选	按下 Shift 键并单击鼠标或按下 Shift 键以及一个方向键（上箭头、下箭头、左箭头和右箭头），可以选定连续的多个选项；按下 Ctrl 键并单击鼠标可在列表中选中或取消选中不连续的多个选项

2. 方法

ListBox 对应的控件方法有：AddItem，RemoveItem 和 Clear。

（1）AddItem 方法。

AddItem 方法是向一个列表框或组合框中添加项目，其格式为

```
<对象名>.AddItem Item[, Index]
```

其中，Item 是要加到列表框中的列表项，是一个字符串表达式。Index 是索引号，即新增加

的列表项在列表框中的位置。如果省略 Index，新增加的列表项将添加到列表框的末尾；Index 为 0 时，表示添加到列表框的第一个位置。

（2）RemoveItem 方法。

RemoveItem 方法用于删除列表框中的列表项，其格式为

```
<对象名>.RemoveItem  Index
```

其中，Index 参数是要删除的列表项的索引号，与 AddItem 方法不同，Index 参数是必须提供的。例如，List1.RemoveItem 0 则是删除 List1 列表框中的第一个列表项。如果要删除列表框 List1 中所选中的列表项，可使用 List1.RemoveItem List1.ListIndex 语句。

（3）Clear 方法。

该方法删除列表框控件中的所有列表项。其格式为

```
<对象名>.Clear
```

三、任务实施

1. 新建两个列表框，程序运行时，在窗体上的左边列表框中添加 1~100 的 100 个整数，单击任意一个整数，将此数添加到右边的列表框中

（1）启动 VB 集成开发环境，在窗体上添加两个列表框，如图 4-18 所示。

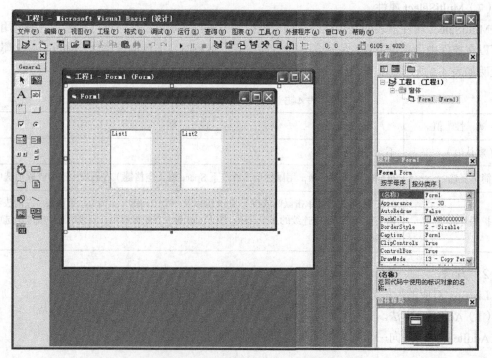

图 4-18　在窗体上添加两个列表框

（2）双击窗体打开代码编辑窗口编写事件过程代码，如图 4-19 所示。

（3）单击"运行"按钮，进入运行状态，单击左边列表框的数字会添加到右边列表框，并消失在左边列表框中，如图 4-20 所示。

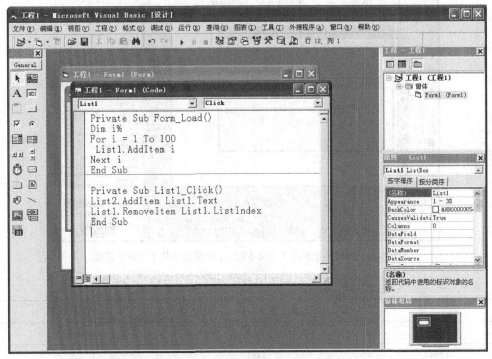

图 4-19 列表框代码编辑窗口

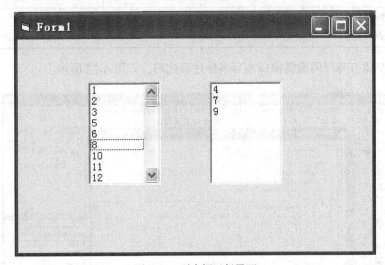

图 4-20 列表框运行界面

2．利用组合框选择四则运算符号做加减乘除的算术运算

（1）启动 VB 集成开发环境，在窗体上添加 3 个文本框、1 个组合框和 1 个命令按钮，如图 4-21 所示。

（2）图 4-21 中的控件主要属性设置如表 4-6 所示。

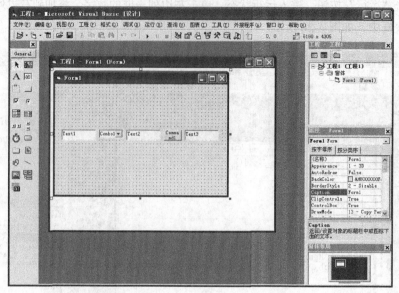

图 4-21　在窗体上添加 3 个文本框、1 个组合框和 1 个命令按钮

表 4-6　组合框、文本框和命令按钮主要属性的设置

对　　象	属　　性	属性的值
Text1	Text	为空
Text2	Text	为空
Text3	Text	为空
Command1	Caption	=
Combo1	Text	为空

（3）双击窗体打开代码编辑窗口编写事件过程代码，如图 4-22 所示。

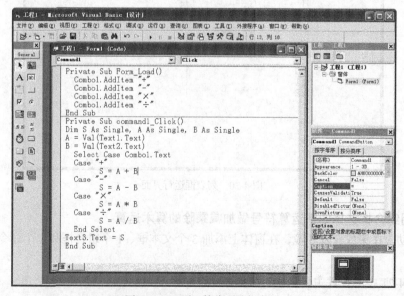

图 4-22　四则运算代码编辑窗口

（4）单击"运行"按钮，进入运行状态，在文本框中输入数字，组合框中选择运算符号，然后单击命令按钮即可算出运算结果，如图 4-23 所示。

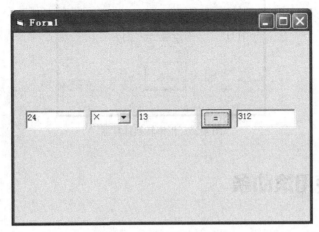

图 4-23 四则运算运行结果

【总结】

在任务实施 1 中，List1.Text 表示在 List1 中被选中的项目，同样在组合框中 Combo1.Text 表示 Combo1 中被选中的项目。而要删除被选中的项目，则使用了 List1.RemoveItem List1.ListIndex，其中 ListIndex 可以判断出列表框中哪一项被选中了，所以 List1.ListIndex 就可以表示 List1 中被选中的那一项的内容。

四、随堂练习

1. 利用列表框和命令按钮编程，要求程序能够实现学生添加选修课程、删除选修课程和全部清除重新选择选修课的功能，运行结果如图 4-24 所示。

图 4-24 学生选课运行结果

2. 利用组合框设计一个人民币兑换美元、欧元、日元等货币的汇率转换计算器，左边文本框用来输入人民币金额，组合框用来选择兑换的币种，单击命令按钮，右边文本框输出兑换后的金额，如图 4-25 所示。

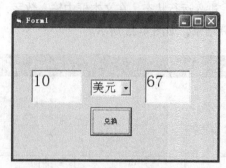

图 4-25　汇率转换计算器

任务 6　使用滚动条

一、任务分析

本任务通过利用滚动条改变文本框中所显示文本的字号大小的实验来掌握如何设置滚动体的属性以及如何编程实现。

二、相关知识

滚动条是一种不需要用户精确输入数据的控件，通常用来附在窗体边上帮助观察或确定位置。滚动条分为水平滚动条（HscrollBar）和垂直滚动条（VscrollBar），除方向不一样外，水平滚动条和垂直滚动条的结构与操作是完全相同的。

1. 属性

（1）Max 属性。

Max 属性用于决定滚动条所能表示的最大值，即当滚动块处于底部或最右位置时，Value 属性的最大设置值。其取值范围为−32768 ~ 32767，默认值为 32767。

（2）Min 属性。

Min 属性用于决定滚动条所能表示的最小值，即当滚动块处于顶部或最左位置时，Value 属性的最小设置值。其取值范围为−32768 ~ 32767，默认值为 0。

（3）Value 属性。

Value 属性表示单击滚动条所在位置的返回值，范围在 Max 与 Min 之间。

（4）LargeChang 属性。

LargeChang 属性即当用户单击滚动块和滚动箭头之间的区域时，滚动条控件（HScrollBar 或 VScrollBar）的 Value 属性值的改变量，默认值为 1。

（5）SmallChange 属性。

SmallChange 属性表示当用户单击滚动条两端的箭头时，Value 属性值的增加或减小的量，默认值为 1。

2. 事件

滚动条的最常用的是 Change 事件和 Scroll 事件。当滚动条的 Value 属性发生变化时就会发生 Change 事件，而滚动条内拖动滚动块时虽然 Value 属性也发生变化，但此时并不发生 Change 事件，而是发生 Scroll 事件。因此可以用 Scroll 事件来跟踪滚动条的动态变化，而用 Change 事件来得到滚动条的最后结果。

三、任务实施

（1）启动 VB 集成开发环境，在窗体上添加 1 个滚动条和 1 个文本框，如图 4-26 所示。

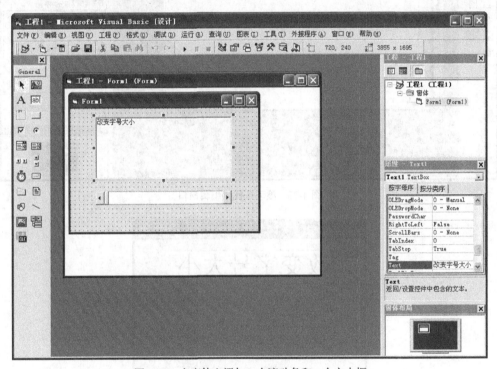

图 4-26　在窗体上添加 1 个滚动条和 1 个文本框

（2）图 4-26 中控件主要属性的设置如表 4-7 所示。

表 4-7　文本框和滚动条主要属性的设置

对　　象	属　　性	属性的值
Text1	Text	改变字号大小
Hscroll1	Min	5
	Max	90

（3）双击滚动条打开代码编辑窗口编写事件过程代码，如图 4-27 所示。

（4）单击"运行"按钮，进入运行状态，通过滚动条可以调节文本框中文字的大小，如图 4-28 所示。

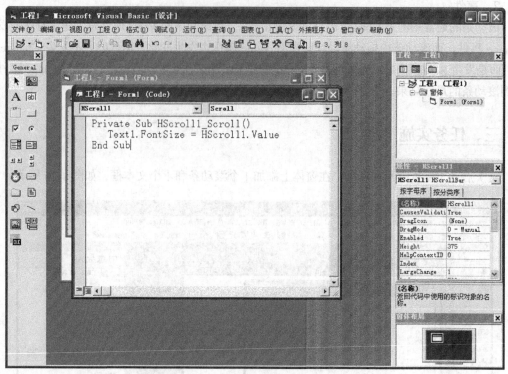

图 4-27　滚动条代码编辑窗口

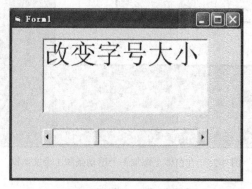

图 4-28　滚动条运行界面

【总结】

在此例中，单击滚动条两端的滚动箭头或者单击滚动块与滚动箭头之间的区域，文本框中的字号不会发生改变，只有拖动滚动滑块时，文本框中的字号才会发生变化，这是因为在编程中使用的是 Scroll 事件，而不是 Change 事件。

四、随堂练习

设计利用滚动条改变字体颜色，并尝试使用 Change 事件，运行后拖动滚动滑块，单击空白区域以及左右箭头，比较与使用 Scroll 事件有何不同。

任务 7 使用图片框和图像框

一、任务分析

本任务是利用图像框的特点实现对图片的压缩与拉伸，了解图片框和图像框的作用。

二、相关知识

图片框控件（PictureBox）和图像框控件（ImageBox）主要用于在窗体的指定位置显示图形信息，VB 6.0 支持 .BMP，.ICO，.WMF，.EMF，.JPG，.GIF 等格式的图形文件。

1. 属性

（1）Picture 属性。

图片框和图像框中显示的图片由 Picture 属性决定。图形文件可以在设计阶段载入，也可以在运行期间载入。在设计阶段，可以用属性窗口中的 Picture 属性加载图形文件。在运行期间，可以用 LoadPicture 函数把图形文件装入图片框或图像框中。语句格式如下：

```
<对象名>.Picture=LoadPicture([filename])
```

其中，filename 为字符串表达式，指定一个被显示的图形的文件名，可以包括文件的盘符和路径。如果图片框中已有图形，则被新加载的图形覆盖。

图片框中的图形也可以用 LoadPicture 函数删除。例如：Picture1.Picture = LoadPicture()。

（2）AutoSize 属性。

AutoSize 属性用于图片框，决定控件是否自动改变大小以显示图像的全部内容。其默认值为 False，此时保持控件大小不变，超出控件区域的内容被裁减掉；若值为 True 时，自动改变控件大小以显示图片全部内容（注意：不是图形改变大小）。

（3）Stretch 属性。

Stretch 属性用于图像框，当该属性的取值为 False 时，图像控件将自动改变大小以与图形的大小相适应；当其值为 True 时，显示在控件中的图像的大小将完全适合于控件的大小，但可能会使图片变形。

2. 图片框与图像框的区别

图片框与图像框的用法基本相同。但图片框控件可以作为其他控件的容器，图像框则不可以；图片框可以通过 Print 方法接收文本，而图像框则不能接收用 Print 方法输入的信息；图像框比图片框占用的内存少，显示速度快。

三、任务实施

（1）启动 VB 集成开发环境，在窗体上建立 1 个图像框和 2 个命令按钮，如图 4-29 所示。

（2）图 4-29 中控件主要属性的设置如表 4-8 所示。

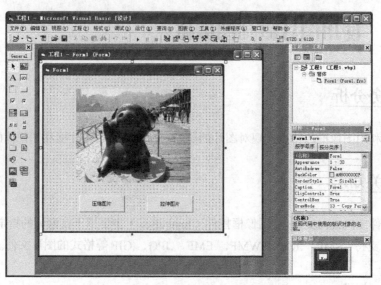

图 4-29　建立 1 个图像框和 2 个命令按钮

表 4-8　图像框和命令按钮主要属性的设置

对　　象	属　　性	属性的值
Image1	Picture	电脑中某图片的位置
	Height	3390
Command1	Caption	压缩图片
Command2	Caption	拉伸图片

（3）双击命令按钮打开代码编辑窗口编写事件过程代码，如图 4-30 所示。

（4）单击"运行"按钮，进入运行状态，单击压缩图片和拉伸图片按钮可以分别实现图片的压缩和拉伸，如图 4-31 所示。

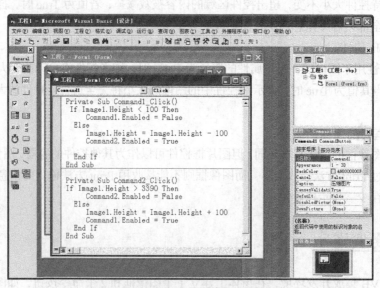

图 4-30　图像框事件过程代码编辑窗口

图 4-31　图像框运行界面

【总结】

在该任务实施中，为了避免由于将图片的高度无限拉伸或无限压缩而出错，使用了 If 语句来判断当前图片的高度，如果图片的高度小于 100，则将"压缩图片"按钮置为无效，否则，将当前高度减少 100；如果图片的高度大于 3390；则将"拉伸图片"按钮置为无效，否则，将当前高度增加 100。

四、随堂练习

利用滚动条实现图片的拉伸与压缩。

任务8　使用图形控件

一、任务分析

本任务是通过对形状控件与计时器控件结合以实现变形与变色来了解图形控件该如何设置其属性及编程。

二、相关知识

VB 的图形控件主要有有直线控件（Line）和形状控件（Shape）。用图形控件画图无需编写代码，只需在设计阶段在需要画图的地方拖动鼠标即可。

（一）直线控件

直线控件用于画直线。单击工具箱中的 Line 图标，移动到画线的起始位置，按下鼠标左键拖曳到直线的终点，松开鼠标左键即可。常用属性如下。

1．BorderStyle 属性

BorderStyle 属性用于设置直线的类型。

2．BorderWidth 属性

BorderWidth 属性用于设置线的粗细。

3．BorderColor 属性

BorderColor 属性用于设置颜色。

4．X1、Y1 和 X2、Y2 属性

这些属性用于控制线的两个端点的位置。

（二）形状控件（Shape）

形状控件可以用来画矩形、正方形、圆、椭圆、圆角矩形以及圆角正方形。单击工具箱中的 Shape 图标，在窗体内将鼠标移到要画图形的左上角位置，按下鼠标左键拖曳到要画图形结束处的右下角，松开鼠标左键，屏幕上出现一个矩形。

为该矩形设置不同的 Shape 属性，可以得到不同的形状。常用属性如下。

1．Shape 属性

Shape 属性确定图形的类型，一共有如下 6 种类型：矩形、正方形、椭圆、圆、圆角矩形、圆角正方形。Shape 属性的默认值是 0（矩形）。

2．BorderStyle 属性

BorderStyle 属性用于设置边框线型。

3．FillStyle 属性和 FillColor 属性

FillStyle 属性确定以什么样的样式来填充图形。如果 FillStyle 的值不为 1（默认值是 1），可以用 FillColor 属性来确定所填充的线条的颜色，默认值是 0（黑色）。

三、任务实施

（1）启动 VB 集成开发环境，在窗体上建立 1 个计时器、1 个形状控件和 2 个命令按钮，如图 4-32 所示。

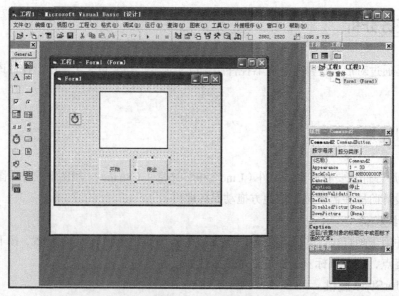

图 4-32　建立 1 个计时器、1 个形状控件和 2 个命令按钮

（2）图 4-32 中控件主要属性的设置如表 4-9 所示。

表 4-9　图像框和命令按钮主要属性的设置

对　　象	属　　性	属性的值
Shape1	BorderWidth	2
	BackStyle	1-opaque
Command1	Caption	开始
Command2	Caption	停止
Timer1	Enabled	False
	Interval	200

（3）双击命令按钮打开代码编辑窗口编写事件过程代码，如图 4-33 所示。

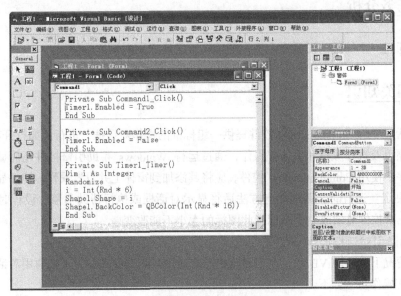

图 4-33　形状控件事件过程代码编辑窗口

（4）单击"运行"按钮，进入运行状态，单击"开始"按钮实现图形的变形和变色，单击"停止"按钮暂停，如图 4-34 所示。

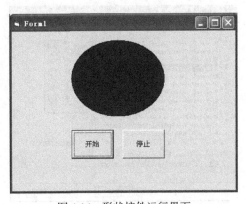

图 4-34　形状控件运行界面

【总结】

本任务通过生成 0 ~ 5 的随机数来对应 Shape 属性实现图形的变换，图形的颜色则由一个随机数来确定，这样每执行一次 Timer 事件，就变换一次颜色，并且每次的颜色会不同。

四、随堂练习

制作奥运五环标志。

任务 9 使用通用对话框

一、任务分析

本任务通过一个简单的设置命令按钮的字体来了解通用对话框的使用。

二、相关知识

通用对话框（CommonDialog）控件提供一组标准的操作对话框，进行诸如打开和保存文件、设置打印选项以及选择颜色和字体等操作，通过运行 Windows 帮助引擎控件还能显示帮助。为了在应用程序中使用 CommonDialog 控件，应将其添加到窗体上并设置属性。控件显示的对话由控件的方法决定。运行时，调用相应方法后将显示对话框或执行帮助引擎；设计时在窗体上将 CommonDialog 控件显示成一个图标，此图标的大小不能改变。

1．添加通用对话框控件

在一般情况下，启动 VB 后，在工具箱中没有通用对话框控件。为了把通用对话框控件加到工具箱中，其操作步骤如下。

（1）执行"工程"菜单中的"部件"命令，打开"部件"对话框。

（2）在对话框中，选择"控件"选项卡，然后在控件列表框中，选择"Microsoft Common Dialog Control 6.0"，如图 4-35 所示。

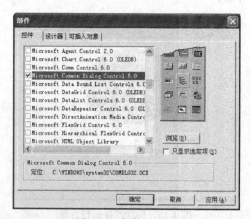

图 4-35　部件对话框

（3）单击"确定"按钮，通用对话框立即被加到工具箱中，如图 4-36 所示。

图 4-36 添加到工具箱

2．通用对话框的方法

为了打开通用对话框，VB 还提供了一组方法，用来打开通用对话框，如表 4-10 所示。

表 4-10 各类对话框所需要的 Action 属性值和方法

对话框类型	Action 属性值	方 法
打开	1	ShowOpen
另存为	2	ShowSave
颜色	3	ShowColor
字体	4	ShowFont
打印	5	ShowPrinter
帮助	6	ShowHelp

在设计阶段，通用对话框按钮以图标形式显示，不能调整其大小（与计时器类似），程序运行时隐藏。

通用对话框 Name 属性的默认值为 CommonDialogX，在实际应用中，为了提高程序的可读性，最好能使 Name 属性具有一定的意义，如 GetFile、SaveFile 等。此外，每种对话框都有自己的默认标题。

（1）通用对话框的打开对话框与保存对话框的 Filter 属性指定要打开（过滤）文件的类型（以扩展名来区分），格式如下：

```
对话框名称.Filter="类型 1 描述|类型 1 扩展名|类型 2 描述|类型 2 扩展名|……"
commondialog1.filter="文本文件（*.Txt）|*.Txt|Pictures(*.ico)|*.ico"
```

"类型描述"是程序员指定在对话框中显示的名字，供用户选择，而扩展名必须以"*.exe"或"*.bat"或"*.bmp"等来标识，一个描述对应一个扩展名，用管道符号"|"分开。

（2）通用对话框中 Color 颜色对话框的 Flags 属性设置值如下。

&H1：为对话框设置初始颜色值。

&H2：显示全部内容的对话框。

&H4：禁止设置自定义颜色。

&H8：使对话框显示帮助按钮。

程序中赋值时如有几项，则用"or"连接，如 CommonDialog1.flags=&H1 or &H8。

（3）通用对话框中 Font 字体对话框的 Flags 属性设置值如下。

&H1：屏幕字体。

&H2：打印字体。

&H3：两者皆有。

&H100：出现删除线、下滑线、颜色元素。

三、任务实施

（1）启动 VB 集成开发环境，在窗体上建立 1 个命令和 1 个通用对话框，如图 4-37 所示。

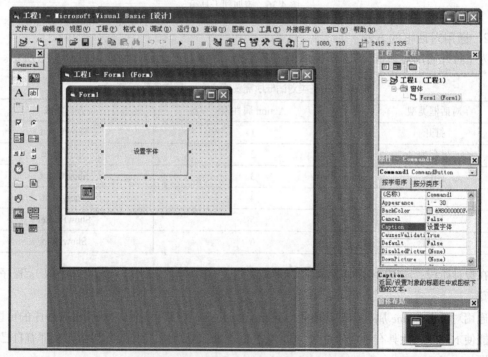

图 4-37　建立 1 个命令按钮和 1 个通用对话框

（2）图 4-37 中控件主要属性的设置：将命令按钮的 Caption 属性的值设为"设置字体"，通用对话框属性为默认属性值。

（3）双击命令按钮打开代码编辑窗口编写事件过程代码，如图 4-38 所示。

（4）单击"运行"按钮，进入运行状态，单击命令按钮即可设置字体，如图 4-39 所示。

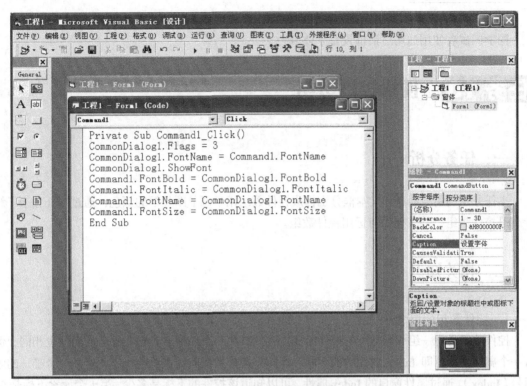

图 4-38　通用对话框代码编辑窗口

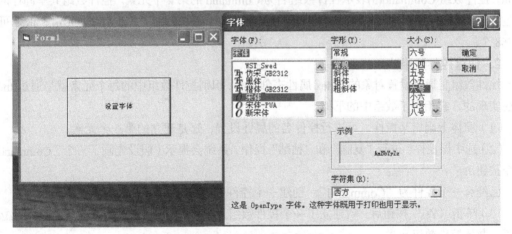

图 4-39　通用对话框运行界面

【总结】

本任务中 CommonDialog1.FontName = Command1.FontName 用于设置对话框的默认字体是命令按钮的字体。本任务是设置字体，用的是通用对话框的字体对话框，所以在程序中用了 ShowFont 方法。

四、随堂练习

同学们试着使用通用对话框设置字体颜色。

任务 10　使用控件数组

一、任务分析

本任务是利用滚动条和文本框分别构成控件数组用于调节图片框的颜色，通过本任务来了解什么是控件数组，并掌握如何运用控件数组。

二、相关知识

1. 控件数组的概念

控件数组是由一组相同类型的控件组成。它们共用一个控件名，绝大部分的属性也相同，但有一个属性不同，即 Index 属性的值不同。当建立控件数组时，系统给每个元素赋一个唯一的索引号（Index），通过属性窗口的 Index 属性，可以知道该控件的下标是多少，第 1 个元素下标是 0。例如，控件数组 Command(3) 表示控件数组名为 Command 的第 4 个元素。控件数组共享同样的事件过程，所以适用于若干个控件执行相似的操作。一个控件数组至少包含一个元素，最多可达32768 个。

2. 创建控件数组

控件数组是通过设置对象的 Index 属性来创建的，识别控件数组中的每个元素就是通过 Index 属性实现的，它相当于数组中的下标。

（1）窗体上画出某控件，可进行控件名的属性设置，这是建立的第一个元素。

（2）选中该控件，进行"复制"和"粘贴"操作，系统会提示（假设先画了一个"Command1"命令按钮）：

已经有一个控件为"Command1"。创建一个控件数组吗？

（3）单击"Yes"按钮后，就建立了一个控件数组元素，进行若干次"粘贴"操作，就建立了所需个数的控件数组元素。

三、任务实施

（1）启动 VB 集成开发环境，在窗体上建立 1 个图片框、3 个垂直滚动条构成控件数组分别用于调整红、绿、蓝三原色的值（0~255），3 个文本框构成控件数组分别显示 3 个滚动条的值，如图 4-40 所示。

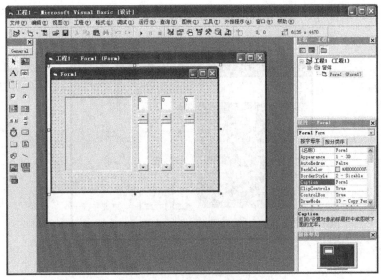

图 4-40 建立控件数组

（2）图 4-40 中控件主要属性的设置如表 4-11 所示。

表 4-11 图 4-40 中控件主要属性的设置

对　　象	属　性	属性的值
VScroll1（0）	Max	255
VScroll1（1）		
VScroll1（2）	Min	0
Text1（0）		
Text1（1）	Text	0
Text1（2）		

（3）双击滚动条打开代码编辑窗口编写事件过程代码，如图 4-41 所示。

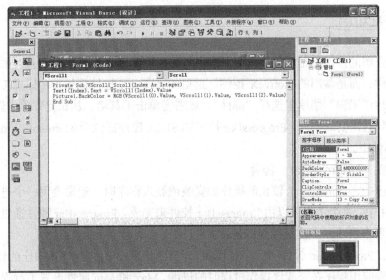

图 4-41 控件数组代码编辑窗口

（4）单击"运行"按钮，进入运行状态，分别拖动 3 个滚动条滑块可显示不同图片颜色，如图 4-42 所示。

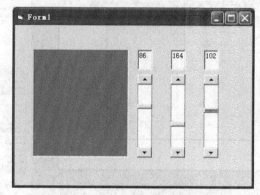

图 4-42　控件数组运行界面

【总结】

本任务通过 3 个滚动条形成控件数组分别来表示 RGB 三原色的值，从而调整图片框的背景色，其中 VScroll1（Index）的 Index 是下标索引值，用来识别 3 个垂直滚动条控件，Text1（Index）则用分别用来表示 Text1（0）、Text1（1）和 Text1（2）。

任务 11　ProgressBar 控件和 Slider 控件

一、任务分析

本任务简单介绍了什么是 Active 控件，并通过 Active 常用控件之一的进度条实例掌握如何使用这些扩展的高级控件。

二、相关知识

之前我们介绍的控件都是 VB 工具箱中提供的标准控件，而 ProgressBar 控件和 Slider 控件都不属于标准控件，而是常用的 ActiveX 控件。这里的 ActiveX 控件是指 VB 标准工具箱里没有的控件，用时需从"工程"菜单里选择"部件"，或右键单击工具箱，从快捷菜单中选择"部件"，从部件窗口里勾选需要的控件。ProgressBar 控件和 Slider 控件都位于 Microsoft Windows Common Controls 6.0 部件中。

1. 进度条（ProgressBar）控件

在应用程序中，当进行一个较长的操作如安装或载入程序时，通常会用一个进度指示器来表示进度。在 VB 中，这个工作可以由 ProgressBar 控件来完成。ProgressBar 控件通过从左到右用一些方块填充矩形来表示一个较长操作的进度。

主要属性：ProgressBar 控件有一个行程和一个当前位置，行程代表该操作的整个持续时间；当前位置则代表应用程序在完成该操作过程时的进度。Max 和 Min 属性设置了行程的界限。Value

属性则指明了在行程范围内的当前位置。

（1）Min 属性代表进程条全空时的值，默认时为 0。

（2）Max 属性代表进程条全空时的值，默认时为 100。

（3）Value 属性代表进程条当前的值（但不出现在属性窗口中），它大于 Min 属性，小于 Max 属性，改变 Value 属性的值将改变进程条的进度显示。

2．滑块（Slider）

Slider 控件是一个包含滑块和可选择性刻度标记的窗口，可以通过拖动滑块，用鼠标单击滑块的任意一侧或者使用键盘移动滑块来选择一个值。

在选择离散数值或某个范围内的一组连续数值时，Slider 控件十分有用。例如，无需键入数字，通过将滑块移动到刻度标记处，可以用 Slider 控件来输入数值。

主要属性及事件如下。

（1）Min、Max 属性。

Min 属性决定滑块最左端或最顶端所代表的值。Max 属性决定滑块最右端或最下端所代表的值。

（2）LargeChange、SmallChange 属性。

SmallChange 决定在滑块两端的箭头钮上单击时改变的值。LargeChange 决定在滑块上方或下方区域单击鼠标左键时改变的值。

（3）Value 属性。

Value 属性代表当前滑块所处位置的值，这个值由滑块的相对位置决定。

（4）Change 事件。

当滑块位置发生变化时就引发了 Change 事件。

三、任务实施

（1）启动 VB 集成开发环境，在窗体上建立 1 个进度条、1 个标签和 1 个计时器，如图 4-43 所示。

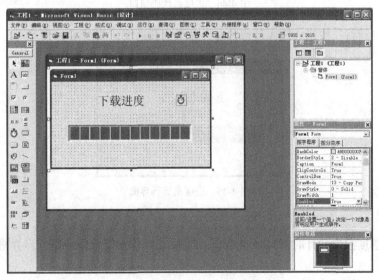

图 4-43　建立 1 个进度条、1 个标签和 1 个计时器

（2）图 4-43 中控件主要属性的设置如表 4-12 所示。

表 4-12　图 4-43 中控件主要属性的设置

对　象	属　性	属性的值
Label1	Caption	下载进度
	Fontsize	二号
Timer1	Interval	500
	Enabled	True

（3）双击滚动条打开代码编辑窗口编写事件过程代码，如图 4-44 所示。

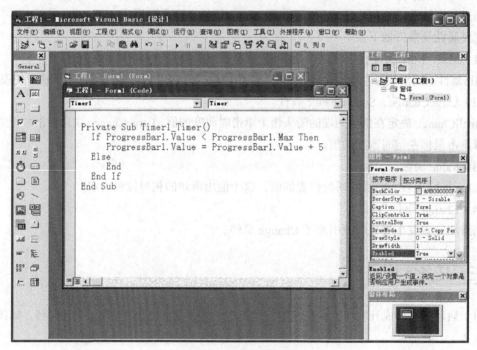

图 4-44　进度条代码窗口

（4）单击"运行"按钮，进入运行状态，显示下载进度，如图 4-45 所示。

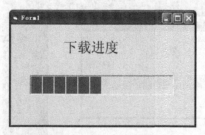

图 4-45　进度条运行界面

【总结】

本任务中进度控件和计时器控件相结合，每隔 0.5 秒方格就多一格，当方格填满后，结束程序。

任务 12　设计多窗体

一、任务分析

本任务需要添加一个窗体，其中一个窗体作为主窗体，另一个窗体用来显示图片并返回，程序实现虽然比较简单，但能充分了解到多窗体该如何使用。

二、相关知识

在新建工程时系统会自动创建一个窗体，但在实际应用中可能需要用到多个窗体，VB 允许对多个窗体进行处理，并且每个窗体都可以有自己的界面和代码，完成各自的功能。

1. 建立多窗体

（1）从"工程"菜单中选择"添加窗体"命令。

（2）默认情况下系统将显示"添加窗体"对话框，如图 4-46 所示。

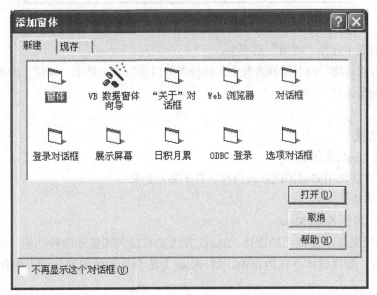

图 4-46　"添加窗体"对话框

（3）如果新建一个空白的新窗体，则在"添加窗体"对话框中选择"新建"选项卡的"窗体"选项；如果添加已存在的窗体，则选择"现存"选项卡。

（4）单击"打开"按钮，一个空白的窗体就被加入到当前的工程中，如果是第二个窗体，则默认名称为 Form2。

2. 启动窗体的设置

如果一个工程中包括多个窗体，没有特别的设定，应用程序的第一个窗体默认即为启动窗体，也就是当应用程序开始运行时，先运行这个窗体。如果要改变系统默认的启动窗体，可以通过"工程属性"对话框进行设置，其操作步骤如下。

（1）在"工程"菜单中，选择"属性"命令，屏幕出现"工程属性"对话框，如图 4-49 所示。

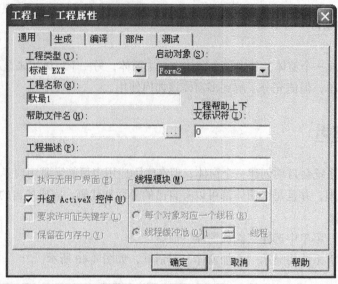

图 4-47　"工程属性"对话框

（2）在对话框中选择"通用"选项卡。

（3）在"启动对象"的下拉列表框中，选择新的启动对象，单击"确定"按钮，完成的新设定的窗体为启动窗体。

3．方法

（1）Load 方法。

语法结构：Load [窗体名称]

使用 Load 方法调用的窗体被存入内存，并不显示出来。

（2）Show 方法。

语法结构：[窗体名称].Show

Show 方法用来显示被调用的窗体。Show 方法兼有装入和显示两种功能，也就是说，在执行 Show 方法时，如果窗体不在内存中，则 Show 方法会自动地把窗体调入内存，然后再显示出来。

（3）Hide 方法。

语法结构：[窗体名称].Hide

使用 Hide 方法会隐藏被调用的窗体，不在屏幕上显示，但仍在内存中。

（4）Unload 方法。

语法结构：Unload [窗体名称]

使用 Unload 方法会清除内存中指定的窗体，与此同时，窗体中的变量和属性等都会处于无效的状态。

三、任务实施

（1）启动 VB 集成开发环境，在工程资源管理器中添加一个窗体 Form2，并在 Form2 中添加一个图片框，从 Picture 属性中为图片框加载一张图片，如图 4-48 所示。

图 4-48　添加窗体 Form2 和图片框

（2）双击 Form1 窗体打开 Form1 代码编辑窗口编写事件过程代码，如图 4-49 所示。

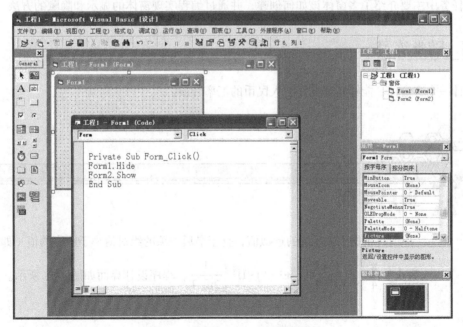

图 4-49　多窗体 Form1 代码编辑窗口

双击 Form2 窗体的 Picture1 打开 Form2 代码编辑窗口编写事件过程代码，如图 4-50 所示。

（3）单击"运行"按钮，进入运行状态，单击窗体显示图片，单击图片返回窗体。

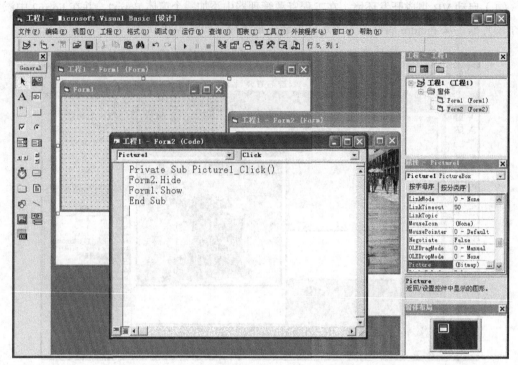

图 4-50　多窗体 Form2 代码编辑窗口

【总结】

本任务中主要介绍了多窗体该如何创建，并通过编程实现窗体的显示和隐藏的方法。

四、随堂练习

设计一个多窗体，能够实现美元与人民币的汇率转换。

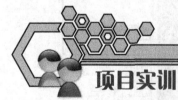

项目实训

1. 根据下式求 π 的近似值，直至最后一项的绝对值小于给定的值（如 10^{-5}）为止。$\frac{\pi}{4} = 1 - \frac{1}{3} + \frac{1}{5} - \frac{1}{7} + \cdots + (-1)^{n+1} \frac{1}{2n-1}$，程序设计界面如图 4-51 所示。

图 4-51 实训 1 设计界面

2. 编程实现：单击命令按钮，先清除列表框中的内容，然后将被选中的复选框的 Caption 属性内容添加到列表框中，界面如图 4-52 所示。

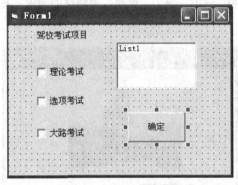

图 4-52 实训 2 设计界面

3. 编程实现：在窗体转载事件中为列表框添加 3 项内容："成都"、"长沙"和"昆明"，且长沙默认被选中。单击命令按钮时，在界面右下方的标签中依次显示姓名、籍贯和性别，界面如图 4-53 所示。

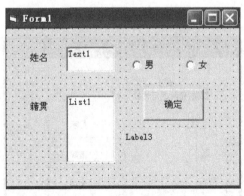

图 4-53 实训 3 设计界面

4. 编程实现形状 Shape1 在窗体中上下移动，每次移动的距离的初始值 m 为 50，其中计时器用来改变 Shape1 的 Top 值，当 Top<=0 时，将 m 值改为 70；当 Top 大于窗体高度时将 m 值改为

-70，拖动水平滚动条时，将调整计时器的定时间隔。界面如图 4-54 所示。

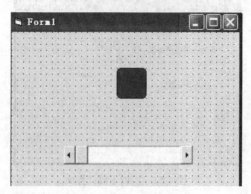

图 4-54　实训 4 设计界面

5. 先在窗体上添加一个图像框，再在图像框中载入一张图片。编程实现单击"放大"按钮图像框的高度、宽度均增加 100；单击"缩小"按钮，图像框的高度、宽度均减少 100，其中的图片也跟着图像框一同放大缩小，界面如图 4-55 所示。

图 4-55　实训 5 运行界面

6. 编程实现在列表框中显示 1000 以内既能被 6 也能被 7 整除的自然数，界面如图 4-56 所示。

图 4-56　实训 6 设计界面

项目练习

一、选择题

1. 若要使命令按钮不可操作，要对（　　）属性进行设置。

    A．Enabled

    B．Visible

    C．Backcolor

    D．Caption

2. 单选、复选按钮的 Value 属性取值种类为（　　）。

    A．2,2   B．3,2

    C．2,3   D．3,3

3. 任何控件都有的属性是（　　）。

    A．Text   B．Forecolor

    C．Name   D．Caption

4. 文本框没有（　　）属性。

    A．Enable   B．Visible

    C．Backcolor   D．Caption

5. 当程序运行时，系统自动执行启动窗体的（　　）事件过程。

    A．Load   B．Click

    C．UnLoad   D．GotFocus

6. 双击窗体中的对象后，Visual Basic 将显示的窗口是（　　）。

    A．代码窗口   B．工具箱

    C．工程资源管理器窗口   D．属性窗口

7. 水平滚动条控件的 Max 属性所设置的是（　　）。

    A．滚动框处于最右位置时，一个滚动条位置的 Value 属性最大设置值

    B．单击滚动条和滚动箭头之间的区域时，滚动条中滚动块的最大移动量

    C．单击滚动条的箭头区域时，滚动条中滚动块的最大移动量

    D．滚动条控件无该属性

8. 若要将窗体从内存中卸载出去，其实现的方法是（　　）。

    A．Show   B．Hide

    C．Load   D．UnLoad

9. 窗体 Form1 的 Name 属性是 Frm1，它的单击事件过程名是（　　）。

    A．Form1_Click   B．Form_Click

    C．Frm1_Click   D．Me_Click

10. 窗体能响应的事件是（　　　　）。

  A．ActiveForm   B．Load

  C．Drive   D．Change

二、填空题

1．若要设置计时器控件的定时时间，可通过_____属性来设置。

2．若要知道列表框有多少项，可通过访问_____属性来实现。

3．若要向列表框和组合框添加项目，可使用的方法是_____；如要删除项目，可使用的方法是_____；若要清除所有项目，应使用的方法是_____。

4．复选框的 Value 属性为 2 时，表示_____。

5．用来设置字体为斜体的属性是_____。

6．若要每 3 秒产生一个计时器事件，那么计时器控件的 Interval 属性应设为_____。

7．将数据项"计算机"添加到列表框控件 List1 中作为第二项，应使用语句_____。

8．将通用对话框类型设置为"保存文件"，应使用的方法是_____。

9．设置滚动条控件最大值的属性是_____。

10．设置当前窗体 Form1 隐藏，应使用的语句是_____。

项目 5

设计和使用过程

本项目是 Visual Basic 程序设计的重要部分，主要包括 Visual Basic 过程、函数的定义和使用方法、变量的作用域和生存周期以及过程和函数中参数的传递。

【学习目标】

1. 了解和使用 Visual Basic 模块。
2. 会正确地创建和调用通用过程和函数过程。
3. 会区分参数传递中传值和传址的不同。
4. 会分析变量的作用域和生存周期。
5. 会使用嵌套和递归调用。

任务 1　了解 Visual Basic 的代码模块

一、任务分析

本任务是添加和使用模块。通过简单的操作了解 Visual Basic 的模块类型、窗体模块和标准模块的创建方法。

二、相关知识

VB 的应用程序是由过程组成的，过程代码存放在模块中。VB 提供了 3 类模块，分别是窗体模块、标准模块和类模块。VB 程序的代码就存储在这 3 个模块中。在这 3 类模块中都可以包含声明（常数、变量、动态链接库 DLL 的声明）和过程（Sub、Function、Property 过程）。在 VB 中是利用工程管理器窗口来组织和管理一个工程的。Visual Basic 的模块、过程结构如图 5-1 所示。

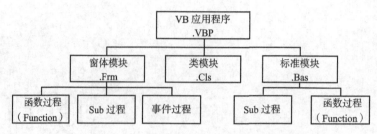

图 5-1　Visual Basic 应用程序的模块和过程

1．窗体模块

窗体模块是大多数 VB 应用程序的基础，每个窗体对应一个窗体模块。窗体模块包含窗体及其控件的属性设置、窗体变量的说明、事件过程、窗体内的通用过程、函数过程等。

窗体模块保存在扩展名为.Frm 的磁盘文件中。默认情况下，应用程序只有一个窗体，因此只有一个窗体模块文件。如果应用程序有多个窗体，就会相应地有多个窗体模块文件。

2．标准模块

应用程序最少包含一个窗体。简单的应用程序可以只有一个窗体，这时所有的程序过程代码都存放在该窗体模块中。而实际的应用程序常常有多个窗体模块，在多窗体模块的应用程序中，不同的窗体可能使用相同的变量或过程，为避免在不同的窗体模块中重复书写相同的代码，可以创建标准模块。标准模块一般用来声明公共变量和存放公共代码过程。

标准模块可包含全局变量声明、模块级变量声明和通用代码过程等几部分。全局变量声明位于最前面，用关键字 Public 声明，它声明的变量供整个应用程序使用。模块级变量是只在本模块中使用的变量，用 Dim 或 Private 进行声明。标准模块中的过程代码是公有的，可供任何窗体或模块中的事件过程调用。

标准模块是以单独的磁盘文件形式保存的，扩展名为.Bas，在不同的应用程序中可以添加和使用同一个标准模块。

编写应用程序时，在工程中添加标准模块的方法有两种：一种是从"工程"下拉菜单中选择"添加模块"，系统弹出添加模块对话框，单击对话框中的"打开"按钮；另一种是右键单击工程管理器中的"工程（工程 1）"→"添加"→"添加模块"命令，打开添加模块对话框。

3．类模块

类模块是面向对象编程的基础。在类模块中可以编写建立新对象的代码。这些新对象可以包含自定义的属性和方法，可以在应用程序内的过程中使用（具体使用过程略）。

类模块的添加方法同标准模块类似。类模块保存在以.cls 为文件后缀名的磁盘文件中。

三、任务实施

1．在工程中添加标准模块、窗体模块和类模块

（1）启动 VB 集成开发环境，创建新的窗体 Form1，如图 5-2 所示。

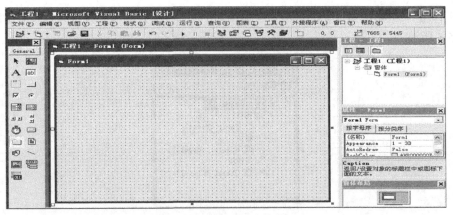

图 5-2　创建新的窗体 Form1

（2）右键单击工程管理器中的"工程（工程 1）"→"添加"命令，或单击菜单"工程"，都能出现添加 3 种模块的界面，如图 5-3 和图 5-4 所示。

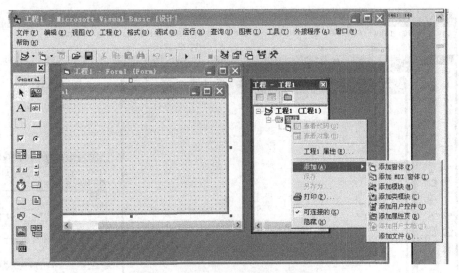

图 5-3　利用工程管理窗口添加模块

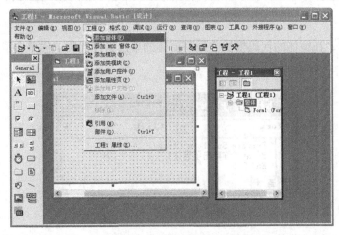

图 5-4　用"工程"菜单添加模块

（3）在图 5-3 和图 5-4 中执行相应命令可添加不同的模块，添加 3 种模块后的工程管理器窗口如图 5-5 所示。

图 5-5　添加 3 种模块后的工程管理器窗口

2．在窗体单击事件中编写程序，运行后单击窗体时，出现文字"你单击了窗体！"

（1）启动 VB 集成开发环境，创建新的窗体 Form1，如图 5-6 所示。

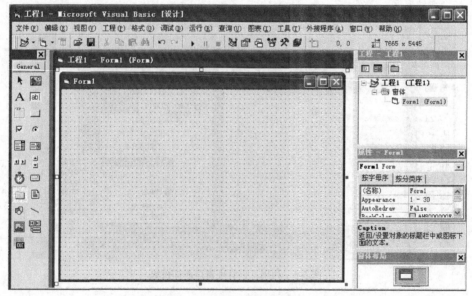

图 5-6　创建新的窗体 Form1

（2）双击窗体，在窗体的代码模块中编写窗体的单击事件代码"你单击了窗体！"，如图 5-7 所示。

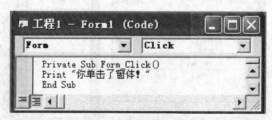

图 5-7　程序编写界面

（3）单击运行按钮或菜单"运行"→"启动"或直接按 F5 键，进入运行状态，单击窗体，运行结果如图 5-8 所示。

图 5-8　运行结果

3．添加标准模块，在其中定义一个公共变量 *a*、模块级变量 *b*、一个将数据 num 保存到文件 fn 中的过程 putdata

（1）启动 VB 集成开发环境，创建新的窗体 Form1，如图 5-9 所示。

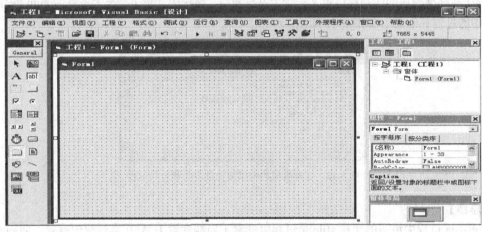

图 5-9　创建新的窗体 Form1

（2）添加标准模块：从"工程"下拉菜单中选择"添加模块"，系统弹出添加模块对话框，如图 5-10 所示。

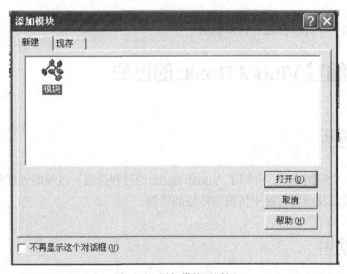

图 5-10　添加模块对话框

（3）单击对话框中的"打开"按钮（如果要添加已经存在的标准模块，可先单击"现存"选项卡），系统就会在工程中添加一个标准模块，并打开标准模块的代码窗口供编程者编写或修改程序代码，如图 5-11 所示。

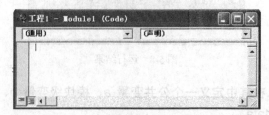

图 5-11　添加标准模块后的界面

（4）在标准模块的代码窗口定义一个公共变量 a、模块级变量 b、一个将数据 num 保存到文件 fn 中的过程 putdata，如图 5-12 所示。

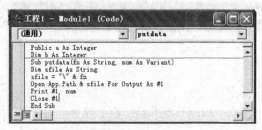

图 5-12　在标准模块中添加变量声明和公共过程

【总结】

putadata 过程中声明的变量 sfile 是过程级变量（局部变量），只在本过程中有效。而 putadata 过程可供其他模块中的过程调用。

四、随堂练习

在工程中添加一个标准模块和窗体模块。

任务 2　编写 Visual Basic 的过程

一、任务分析

本任务通过几个实例操作，介绍了 Visual Basic 的过程类型、过程的创建和调用方法、形参和实参的传递过程以及参数传递中传值和传址的区别。

二、相关知识

（一）Visual Basic 的过程

过程是用来执行特定任务的一段程序代码。VB 应用程序由若干过程组成，这些过程包含在各个模块中，每个模块以对应的磁盘文件保存。

在程序设计过程中，将一些常用的功能编写成过程，供其他不同的过程多次调用，从而减少重复编写代码的工作量，实现代码复用，使程序简练、便于调试和维护。

过程分为内部过程和外部过程。

（1）内部过程是由系统提供的程序段，用户在编写程序时，可使用内部过程名直接调用内部过程，如常用内部函数。

（2）外部过程是用户根据需要自己定义编写的程序段。根据过程是否返回值，又将过程分为通用过程（Sub 过程或子程序过程）和函数过程（Function 过程）。

（二）通用过程（Sub 过程）

1．通用过程的创建

创建通用过程有以下两种方法。

（1）利用"工具"菜单下的"添加过程"命令定义。

（2）利用代码窗口直接定义。

在窗体或标准模块的代码窗口把插入点放在所有现有过程之外，输入 Sub 子过程名即可。定义一般形式如下：

```
[Static][Public|Private]Sub 子过程名[（参数列表）]
            [局部变量或常数定义]
            [语句序列]
            [Exit Sub]
            [语句序列]
     End Sub
```

下面是求两个数的和的一个通用过程例子：

```
Sub  sum(a%, b%, s%)
     s= a + b
End Sub
```

2．通用过程的调用

要执行一个过程，必须调用该过程。通用过程的调用有两种方式，一种是利用 Call 语句调用，另一种是把过程名作为一个语句来直接调用。

（1）用 Call 语句调用 Sub 过程。

格式：Call 过程名（参数列表）

例如： Call sum（x，y，z）

（2）把过程名作为一个语句来调用。

格式：过程名[参数列表]

例如： sum x，y，z

（三）函数过程（Function 过程）

1．函数过程的创建

函数过程的创建方法也有两种，分别如下。

（1）单击菜单"工具"→"添加过程"命令，出现如图 5-13 所示对话框。在名称框中输入函数过程名"sum"，类型中选择"函数"，单击"确定"按钮。

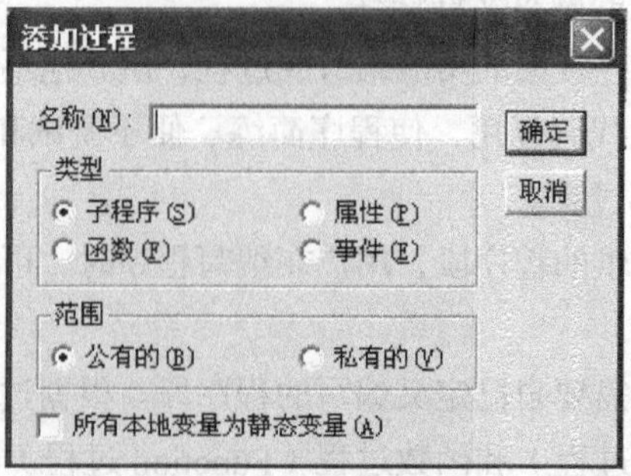

图 5-13　添加过程对话框

可出现函数过程框架：

```
Public Function sum()

End Function
```

（2）利用代码窗口直接创建。

在窗体或标准模块的代码窗口把插入点放在所有现有过程之外，输入 Function 函数过程。形式如下：

```
[Static][Public|Private]  Function  函数名（[参数列表]）[As 类型]
     [局部变量或常数定义]
     [语句序列]
     [Exit  Function]
     [语句序列]
     函数名=表达式
  End  Function
```

例如：

```
Public  function  sum(a%, b%)
    sum= a + b
End Sub
```

2．函数过程的调用

调用函数过程可以像调用其他内部函数一样，由函数名带回一个值给调用程序。最简单的就是在赋值语句中调用函数过程，其形式为

```
变量名=函数过程名（[参数列表]）
```

例如，x=sum(2,3)。

（四）过程的参数传递

1．形参和实参

形参是形式参数的简称，是指在定义 Sub 过程或 Function 过程时，出现在 Sub 或 Function 参数表中的变量，是接收数据的变量。

实参是实际参数的简称，是指在调用 Sub 或 Function 过程时，传递给 Sub 或 Function 过程的常量、变量或表达式。

在定义过程时，形式参数为实际参数预留位置；在调用过程时，实际参数的值传递给对应的形式参数。

<实参表>和<形参表>对应的变量名不必相同，但是变量的个数必须相等，而且各实参的书写顺序必须与相应的形参顺序一致，类型相符。

2．传值和传址

在 VB 中，实参与形参的结合有两种方法：传址和传值。

默认参数传递方式是传址。形参前加"ByVal"是传值，形参前加"Byref"是传址，传址时"Byref"可以省略。

（1）传值。

传值时参数传递的过程：当调用一个过程时，系统将实参的值复制给形参，然后实参与形参便断开联系。被调过程对形参的操作将在形参的存储单元中进行，当过程调用结束时，这些形参所占用的存储单元也同时被释放。因此，在过程中对形参的任何操作都不会影响到实参。

（2）传址。

传址时参数传递的过程：当调用一个过程时，将实参的地址传递给形参。在被调过程中对形参的任何操作都变成了对相应实参的操作，因此实参的值就会随形参的改变而改变。

（五）过程的嵌套和递归

在一个过程中调用另一个过程，称为过程的嵌套调用；一个过程直接或间接调用它本身，称为过程的递归调用。

例如：定义一个求 3 个数中最大数的函数过程 max3，在这个过程中调用一个求两个数中较大数的函数过程 max2。而在事件代码中直接调用 max3 求 3 个数的最大数，这就是嵌套调用，举例代码如下。

```
Private Sub Command1_Click()
Dim a As Single, b As Single, c As Single
    Dim s As Single
    Show
    a = Val(InputBox("输入第一个数"))
    b = Val(InputBox("输入第二个数"))
    c = Val(InputBox("输入第三个数"))
    s = max3(a, b, c)
    Print "三个数中的最大数是:"; s
End Sub

Function max2(m, n) As Single
    If m > n Then
        max2 = m
    Else
        max2 = n
    End If
End Function

Public Function max3(a, b, c)
max3 = max2(max2(a, b), c)
End Function
```

再如：求 N 的阶乘，可以计算 N 与(N-1)的阶乘的乘积，1 的阶乘等于 1。这就是递归调用。

过程代码可以定义为

```
Function jch(n%)
Dim i%
If n=1 then
      jch = 1
Else
      jch = n*jch(n-1)
End If
End Function
```

三、任务实施

1. 编写一个求两个数和的通用过程，然后在窗体模块中调用

（1）启动 VB 集成开发环境，创建新的窗体 Form1，在窗体中加入 3 个标签，设置其 Caption 属性分别为"第一个数"、"第二个数"和"两数和"，再加入 3 个文本框 text1、text2 和 text3、一个命令按钮 command1，设置其 Caption 属性为"求和"，如图 5-14 所示。

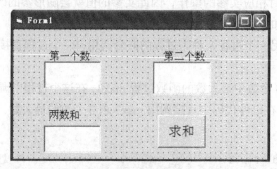

图 5-14　界面设计

（2）双击窗体，在窗体代码窗口编写 sum 过程，在命令按钮 1 的单击事件过程代码中编写调用 sum 过程的代码，如图 5-15 所示。

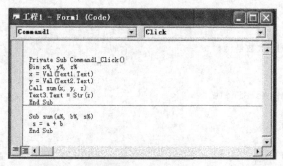

图 5-15　代码设计

（3）单击"运行"按钮，或执行菜单"运行"→"启动"命令，或直接按 F5 键，进入运行状态，分别在文本框 text1 和 text2 输入数 2 和 3，单击"求和"按钮，可得到两数和，如图 5-16 所示。

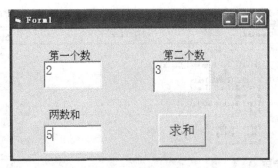

图 5-16 运行结果

【总结】

代码中 sum 过程是求两个数和的通用过程，单击事件中 Call sum(x,y,z)是通用过程的调用语句，也可以用 sum x,y,z 代替。

2．编写一个求两个数和的函数过程，然后在窗体模块中调用

（1）启动 VB 集成开发环境，创建新的窗体 Form1，在窗体中加入 3 个标签，设置其 Caption属性分别为 "第一个数"、"第二个数" 和 "两数和"，再加入 3 个文本框 text1、text2 和 text3、一个命令按钮 command1，设置其 Caption 属性为 "求和"，如图 5-17 所示。

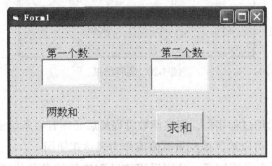

图 5-17 界面设计

（2）双击窗体，出现窗体代码窗口。单击菜单 "工具" → "添加过程" 命令，出现 "添加过程" 对话框，在名称框中输入函数过程名 "sum"，在类型中选择 "函数"，如图 5-18 所示。

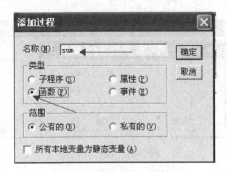

图 5-18 添加过程对话框

（3）单击 "确定" 按钮，在窗体代码模块中出现函数过程框架，在函数过程框架中输入 sum=a＋b，补全参数表，在命令按钮 1 的单击事件过程中输入调用 sum 函数的语句，如图 5-19 所示。

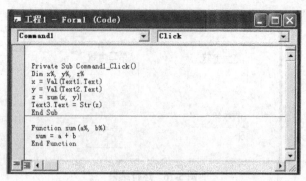

图 5-19　代码设计

（4）单击"运行"按钮，或执行菜单"运行"→"启动"命令，或直接按 F5 键，进入运行状态，分别在文本框 text1 和 text2 输入数 2 和 3，单击"求和"按钮，可得到两数和 5，如图 5-20 所示。

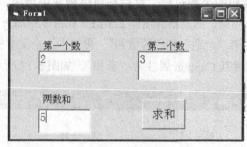

图 5-20　运行结果

【总结】

函数过程的创建与通用过程相似，但在函数过程最后必须有一条给函数名赋值的语句。函数的调用会返回一个结果，可以给其他变量赋值或作为表达式使用。

3．编写求阶乘的两个通用过程，分别采用传址和传值的参数传递方式，然后分别在不同的命令按钮单击事件中调用

（1）启动 VB 集成开发环境，创建新的窗体 Form1，在窗体中加入两个命令按钮 command1 和 command2，设置其 Caption 属性分别为"传值"和"传址"，如图 5-21 所示。

图 5-21　设计界面

（2）双击命令按钮，出现窗体代码窗口。编写两个命令按钮的单击事件代码，并添加两个求阶乘的通用过程 jc1 和 jc2。jc1 参数采用按值传递方式，jc2 采用按地址传递方式。程序设计如图 5-22 所示。

图 5-22 程序设计界面

（3）单击"运行"按钮，或执行菜单"运行"→"启动"命令，或直接按 F5 键，进入运行状态，单击"传值"和"传址"按钮，可得到如图 5-23 所示运行结果。

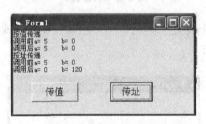

图 5-23 程序运行结果

4．编写求 3 个数的最大值的过程，通过调用求两个数中较大数的过程来实现；同时编写一个利用递归调用求阶乘的程序

（1）启动 VB 集成开发环境，创建新的窗体 Form1，在窗体中加入两个标签，设置其 Caption 属性分别为"N"和"N 的阶乘"，再加入两个文本框 text1 和 text2、两个命令按钮 command1 和 command2，设置其 Caption 属性为分别求 3 个数中的最大数和"求 N 的阶乘"，如图 5-24 所示。

图 5-24 界面设计

（2）双击命令按钮，出现窗体代码窗口。编写两个命令按钮的单击事件代码，并添加函数过程 max2、max3 和 jch。程序设计如图 5-25 所示。

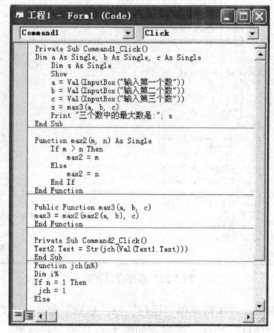

图 5-25　程序设计

（3）单击运行按钮，或执行菜单"运行"→"启动"命令，或直接按 F5 键，进入运行状态，出现如图 5-26 所示的运行界面。

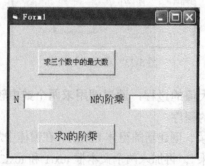

图 5-26　运行初始界面

（4）单击图 5-26 中的命令按钮"求三个数中的最大数"，出现要求输入数据的对话框，如图 5-27 所示。

图 5-27　输入对话框

（5）在图 5-27 中输入 4，单击"确定"按钮，继续输入第二个数–10 和第三个数 5，单击"确定"按钮，将出现输出结果如图 5-28 所示。

图 5-28 求三个数最大数的运行结果

（6）在图 5-26 中标签"N"后的文本框输入 3，单击命令按钮"求 N 的阶乘"，将出现如图 5-29 所示运行结果。

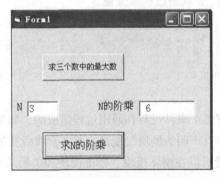

图 5-29 求阶乘后的运行结果

【总结】

设定递归过程时，要考虑过程的终止条件和终止时的过程值，而且每递归调用一次，其中的参数要向终止方向收敛，否则会产生溢出。

四、随堂练习

（1）编写一个求两个数中较小数的通用过程，然后在窗体模块中调用。

（2）编写一个求两个数中较小数的函数过程，然后在窗体模块中调用。

（3）分别用传址和传值的方式编写交换两个数的代码过程，然后在不同的事件代码中调用，分别显示调用前、调用后参数的值，体会两种传递方式的不同。

（4）编写程序，利用递归调用的方式求 $1+2+3+\cdots+n$。

任务 3 了解变量的作用域和生命周期

一、任务分析

本任务通过两个实例操作介绍变量的作用域和生存周期。

二、相关知识

从空间上看，变量有其不同的作用范围。变量的作用域即变量的作用范围。可将变量分为过程级变量、模块级变量和应用程序级变量。

从时间上看，变量有不同的生命周期，分为动态变量和局部变量。

（一）变量的作用域

根据声明变量的位置可将变量分为过程级变量、模块级变量和应用程序级变量。

1. 过程级变量

在过程内部定义的变量称为过程级变量，只有该过程内部的代码才能访问或改变该变量的值。

例如，下列过程中变量 *a*、*b* 就是过程级变量。

```
Private Sub Command1_Click()
      Dim a as Integer, b as Integer
      …
 End Sub
```

2. 模块级变量

通常一个窗体模块是由有多个事件过程和通用过程组成的，如果希望在整个模块中的多个过程中使用同一个变量，就应将其声明为模块级变量。所有模块级变量的声明必须在模块顶部的声明段中进行声明，模块级变量可以在窗体模块、标准模块和类模块中定义。

例如，下列程序段中声明的变量 *s*、*a*、*b* 就是模块级变量。

```
Private s As String
Dim a As Integer, b As Long
Private Sub Command1_Click()
   …
End Sub
```

3. 应用程序级变量

在标准模块的顶部的声明段中用 public 声明的变量，就是应用程序级变量，它在整个应用程序的所有模块中都有效。应用程序级变量也是模块级变量的一种。

（二）变量的生存周期

从变量的作用时间来说，变量有生存周期。根据变量在程序运行期间的生存周期，把变量分为静态变量和动态变量。

1. 动态变量

动态变量是指程序运行进入变量所在的过程时，系统才分配该变量的内存单元，执行完毕退出过程后，该变量所占据的内存单元自动释放，其值消失。使用 Dim 关键字在过程中声明的局部变量属于动态变量。

2. 静态变量

静态变量是指程序运行进入该变量所在的过程，修改变量的值后，退出该过程，变量的值仍被保留，即变量所占用的内存单元没有被释放。以后再次进入该过程时，原来变量的值可以继续使用。使用 Static 关键字在过程中声明的局部变量属于静态变量。

三、任务实施

1. 过程级变量实例

（1）启动 VB 集成开发环境，创建新的窗体 Form1，加入一个命令按钮 command1 设置其 Caption 属性值为"过程级变量"，如图 5-30 所示。

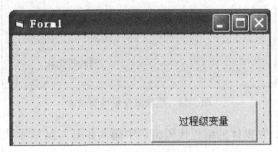

图 5-30　过程级变量界面设计

（2）双击命令按钮，在窗体的编程代码窗口中输入如图 5-31 所示代码。

```
Private Sub Command1_Click()
Dim a%, b%, c%  '定义过程级变量
a = 10: b = 20: c = a + b
Print "调用sub1前，事件过程中变量的值："
Print "a="; a; "b="; b; "c="; c
Call sub1  '调用通用过程gcj
Print "调用sub1后，事件过程中变量的值："
Print "a="; a; "b="; b; "c="; c
End Sub
Sub sub1()  '通用过程
a = 1: b = 2: c = a + b
Print "通用过程中变量的值："
Print "a="; a; "b="; b; "c="; c
End Sub
```

图 5-31　过程级变量代码设计

（3）单击"运行"按钮，或执行菜单"运行"→"启动"命令，或直接按 F5 键，进入运行状态，单击命令按钮，出现如图 5-32 所示的运行界面。

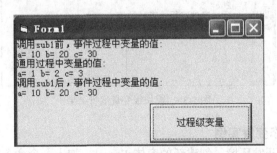

图 5-32　过程级变量运行结果

2. 模块级变量实例

（1）启动 VB 集成开发环境，创建新的窗体 Form1，加入一个命令按钮 command1 设置其 Caption 属性值为"模块级变量"，如图 5-33 所示。

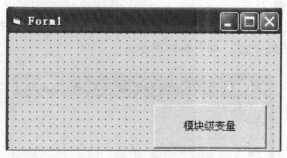

图 5-33　模块级变量界面设计

（2）双击命令按钮，在窗体的编程代码窗口中输入如图 5-34 所示代码。

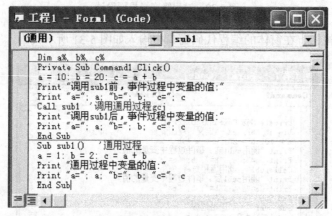

图 5-34　模块级变量代码设计

（3）单击"运行"按钮，或执行菜单"运行"→"启动"命令，或直接按 F5 键，进入运行状态，单击命令按钮，出现如图 5-35 所示的运行界面。

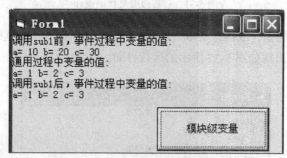

图 5-35　模块级变量运行结果

3. 静态变量和动态变量实例

（1）启动 VB 集成开发环境，创建新的窗体 Form1，加入一个命令按钮 command1 设置其 Caption 属性为"静态变量和动态变量"，如图 5-36 所示。

图 5-36 界面设计

（2）双击命令按钮，在窗体的编程代码窗口中输入如图 5-37 所示代码。

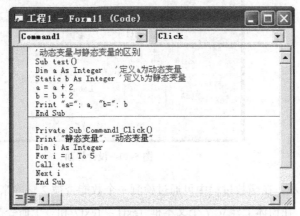

图 5-37 程序设计界面

（3）单击"运行"按钮，或执行菜单"运行"→"启动"命令，或直接按 F5 键，进入运行状态，单击命令按钮，出现如图 5-38 所示的运行界面。

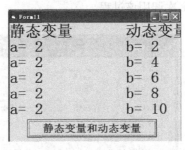

图 5-38 运行结果

【总结】

静态变量是以关键字 static 来定义的，动态变量是以关键字 dim 定义的。

四、随堂练习

编写一个通用过程，使得变量在过程调用中每次乘以 2，分别使用动态变量和静态变量进行测试。

 项目实训

1. 编写一个判断奇偶数的函数过程。在命令按钮的事件代码中调用该函数，判断文本框 text1 中输入数据的奇偶性，并显示在标签 label1 中如图 5-39 所示。

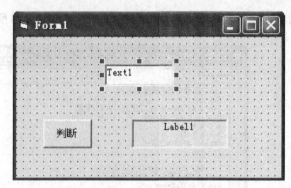

图 5-39　设计界面

提示：在函数过程中可通过检测一个数能否被 2 整除来判断其奇偶性。

2. 在窗体上建立 7 个文本框 Text1 ~ Text7 和一个命令按钮 Command1("求最大数")。设计界面如图 5-40 所示。运行程序后，在 Text1 ~ Text6 输入整数，单击命令按钮后，Text7 显示 7 个输入数据中较大的数。

提示：可先建立一个求 3 个数中最大数的过程 max3(x,y,z,m)，然后在命令按钮的事件代码中多次调用该过程。

图 5-40　设计界面

3. 在窗体上建立 4 个文本框 Text1 和一个命令按钮 Command1("检查")。文本框 Text1 ~ Text3 用于输入 3 个数值型数据，Text4 用于输出结果，如果 Text1 ~ Text3 都为数值型数据，Text4 输出这 3 个数的和，否则输出"存在非数字型数据！"其

设计界面和运行结果分别如图 5-41 和图 5-42 所示。

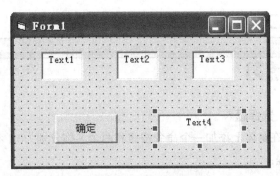

图 5-41 设计界面

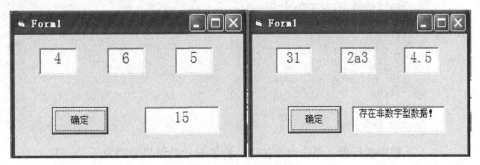

图 5-42 运行结果

提示：可通过建立函数过程 "Function jc(x As String) As Boolean" 来检测一个字符串是否为纯数字。如果是，返回 true，否则返回 false。然后在命令按钮的单击事件中调用该函数，根据不同的检测结果来输出不同的值。

4. 编写程序，求任意两个正整数的最大公约数和最小公倍数。设计界面如图 5-43 所示。

提示：求最大公约数可使用 "辗转相除法"：以较大的数 m 作为被除数，较小的数 n 作为除数，相除的余数为 p。若 p 不为零，则把 n 值赋给 m，p 值赋给 n，继续相除得到新的 p，……一直重复到 p 为零为止。最后 n 就是最大公约数，$(m \times n) \div$ 最大公约数=最小公倍数。本题可建立一个求最大公约数的函数过程，参数采用传值的方式。在事件过程中调用该函数过程求得最大公约数，再求得最小公倍数。

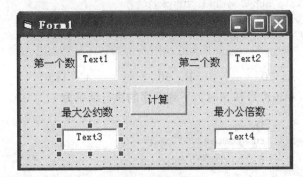

图 5-43 设计界面

项目练习

一、选择题

1. 在窗体上添加一个命令按钮和两个名称分别为 b1 和 b2 的标签，然后编写以下过程：

```
Private a %
Private sub command1-click()
a=2 : b=5
pf a,b
b1.caption=a : b2.caption=b
End sub
Sub pf(BaVal x%, BaVal y%)
 A=x*x
B=y*y
End Sub
```

程序执行后，单击命令按钮，标签显示的结果分别为（　　　　）。

A. 2　5　　　　　B. 4　25　　　　　C. 2　25　　　　　D. 4　5

2. 以下过程不属于 Sub 过程的是（　　　　）。

A. 编译过程　　　　　　　　　　B. Sub 通用过程

C. proper 属性过程　　　　　　　D. Event 事件过程

3. 单击命令按钮时，下列程序的执行结果为（　　　　）。

```
Private Function P(N As Integer)
  Static sum
  For I = 1 To N
  sum = sum + 1
  Next I
  P = sum
End Function
Private Sub Command1_Click()
  S = P(1) + P(2) + P(3) + P(4)
  Print S;
End Sub
```

A. 20　　　　　B. 30　　　　　C. 115　　　　　D. 135

4. 单击命令按钮时，下列程序的执行结果为（　　　　）。

```
Dim Y As Integer
Private Stub Command_Click()
    Dim X As Integer
    X=1
    Y=1
    Call AA(Y+1)
    Z=BB(X)
```

```
   Print X, Y, Z
End Sub
Private Sub AA(ByVal Z As Integer)
  Y = Z + X
  Z = X + Y
End Sub
Private Function BB (ByRef Y As Integer)
  Y = Y + 1
  BB=X + Y
End Function
```

A. 2　2　2　　　B. 1　2　4　　　　C. 2　2　4　　　　D. 2　4　2

5. 在窗体的通用声明区声明两个模块级变量 *a* 和 *y*。

```
Dim a As Integer, y As Integer
Private Sub Command1_Click()
    Call aa(5)
  y = y + a
 Print "y="; y, "a="; a
End Sub
Sub aa(i As Integer)
  x = 1
  Do Until x >i
      a = a + x
      x = x + 3
  Loop
End Sub
```

写出程序运行时连续 3 次单击 Command1 后，运行结果为（　　　）。

A. y=5　a=5　　　B. y=5　a=5　　　　C. y=5　a=5　　　　D. y=5　a=5

　y=5　a=5　　　　y=15　a=10　　　　y=10　a=5　　　　y=10　a=10

　y=5　a=5　　　　y=30　a=15　　　　y=15　a=5　　　　y=15　a=15

二、填空题

1. 在 Visual Basic 中，一个过程间接或直接调用其本身，称为_____。

2. VB 过程包含_____、_____、和_____过程。

3. 参数传递的方式包含_____和_____两种，形参前加 ByVal 时是_____传递。

4. VB 变量按作用域可以分为_____、_____和_____3 种。

5. VB 变量按其生命周期可分为_____和_____两种。

6. 如果定义了一个通用过程 gg（a，b），现在给定实参分别为 5 和 6，则调用时可采用_____和_____两种形式。

7. Visual Basic 提供了 3 类模块，分别是_____、_____和类模块。

8. 已知自然对数的底数 *e* 的级数表示如下：

$$e=1+1/1!+1/2!+1/3!+\cdots+1/n!+\cdots$$

本程序利用函数过程 fact()求 *e*，其中绝对值小于 1E-8 的项被忽略。

9. 程序代码如下：

```
Private Function fact(m As Integer) As Single      ' 求M! 的函数
  Dim x As Single, i As Integer
  x = 1
```

```
    for i=1 to m : x=_____ : Next i
    fact = ____
End Function

Private Sub Form_Click()
Dim e As Single, item As Single
Dim n As Integer
e=1 : n=_____
 Do
  n = n + 1
  item= _____
  e = e + itemLoop  while _____
Form1.Print "e="; e
End Sub
```

10. 单击命令按钮时，下列程序代码的执行结果为（　　　）。

```
Public Function MyFunc(m As Integer, n As Integer) As Integer
  Do While m <> n
    Do While m > n
     m = m - n
    Loop
    Do While m < n
     n = n - m
    Loop
  Loop
    MyFunc = m
End Function

Private Sub Command1_Click()
    Print MyFunc(24, 18)
End Sub
```

11. 假定有如下的 Sub 过程：

```
Sub S(x As Single,y As Single)
  t = x
  x =t*y
  y =t/y
End Sub
```

在窗体上添加一个命令按钮，然后编写如下事件过程：

```
Private Sub Command1_Click ()
  Dim a As Single
  Dim b As Single
  a =5 : b =4
   S a,b
  Print a;b
End Sub
```

程序运行后，单击命令按钮，输出结果为（　　　）。

12. 运行如下程序。

```
Private Sub Form_Click()
  Static SUM As Integer
  I = 1
  Do While I<=10
  SUM = SUM + I
  I = I + 1
  Loop
  Print SUM
End Sub
```

　第一次单击窗体，结果为：_____；

　第二次单击窗体，结果为：_____。

项目6

设计菜单

菜单在 Windows 应用程序中有广泛的应用，是应用程序图形化界面中一个必不可少的组成元素，通过菜单对各种命令按功能进行分组，能使用户更加方便、直观地访问这些命令。在实际应用中，菜单可分两种基本类型，即下拉式菜单和弹出式菜单。用鼠标右键单击窗体时所显示的菜单就是弹出式菜单

【学习目标】
1. 了解菜单的功能和基本结构。
2. 掌握用菜单编辑器设计下拉式菜单系统外观的方法。
3. 理解并掌握编写菜单事件过程的方法。
4. 剪贴板对象的应用。

任务 1　下拉式菜单

一、任务分析

菜单的作用基本有两个：一是提供人机对话的界面，以便让用户选择应用系统的各种功能；二是管理应用系统，控制各种功能模块的运行。一个高质量的菜单程序，不仅能使系统美观，而且能使操作者使用方便，并可避免由于误操作而带来的严重后果。

本任务通过介绍来了解菜单的功能和基本结构，通过实现一个菜单任务来掌握掌握用菜单编辑器设计下拉式菜单系统外观的方法，理解并掌握编写菜单事件过程的方法。

二、相关知识

1. 认识菜单

Windows 中的菜单一般由菜单条、菜单、菜单项、子菜单、弹出式菜单组成。大多

数 Windows 应用程序都有一个菜单栏，它总是处在窗体标题栏的下面，并包含一个或多个菜单标题，称为"顶层菜单"。单击每个菜单标题都会弹出一个下拉菜单，称为"二级菜单"，在下拉菜单中包含有菜单项、分隔条和子菜单标题。含有三角箭头的二级菜单又可以向右弹出三级菜单，在 VB 里最多可以设置六级菜单。

有的菜单项可以直接执行，有的菜单项执行时则会弹出一个对话框。所有的 Windows 应用程序都遵循以下几个约定。

- 凡是菜单名称后有一个省略号的，如选择详细信息(C)...，均表示在单击该选项后会弹出一个相应的对话框，在用户做出相应的回答后，该项功能就以用户所给予的信息去执行。例如，单击【选择详细信息】选项，则弹出【选择详细信息】对话框，用户可从中选择要打开的文件。
- 凡是菜单名称后有一个小三角的，如 排列图标(I)　▸，则表示它是一个子菜单标题，子菜单标题并不能直接执行，仅仅扮演一个"容器"的角色。当鼠标指针移动到子菜单标题上时，会自动弹出子菜单。例如，将指针移动到【排列图标】选项，就会向右弹出子菜单。

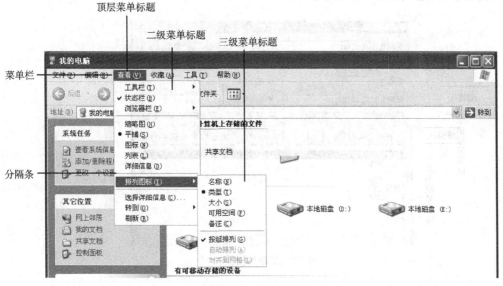

图 6-1　窗口界面菜单

- 菜单名称后不包含上述两种符号者，表明该菜单项所代表的命令可直接执行。例如，单击【刷新】选项，则将刷新当前窗口显示内容。
- 同一菜单中不同类型的选项之间还使用分隔条分隔开来。分隔条作为菜单项间的一个水平行显示在菜单上。在包含较多菜单项的菜单上，经常使用分隔条将各项划分成一些逻辑组。
- 弹出式菜单是另一种形式的菜单，在按下鼠标右键时出现，它是一个上下文相关的菜单。
- 热键是在鼠标失效时，为用户操作菜单项提供的按键选择，热键允许同时按下 Alt 键和一个指定字符来打开一个菜单。一旦菜单打开，通过按下热键即可选取菜单项。在菜单项的标题中，热键表现为一个带下划线的字母，例如，【刷新】命令的热键为（R），刷新(R)，当打开【刷新】菜单后，按下 R 键即可执行【刷新】命令。

- 快捷键为每个最底层的菜单项设置快捷键后，可以在不用鼠标操作菜单项的情况下，通过快捷键直接执行相应的命令。快捷键出现在相应菜单项的右边，例如，【粘贴】命令的快捷键是 Ctrl+V，粘贴(P)   Ctrl+V，只要选中对象按下 Ctrl+V 组合键，即可执行【粘贴】命令。

2. 菜单编辑器

菜单编辑器是 VB 提供的一个用于设计菜单的工具，使用菜单编辑器可以创建出新的菜单或编辑已有的菜单。菜单编辑器窗口分为 3 个部分：数据区、编辑区和菜单项显示区。通常可以通过 4 种方式来打开菜单编辑器。

（1）单击工具栏中的"菜单编辑器"按钮。

（2）单击执行"工具"菜单中的"菜单编辑器"命令。

（3）选中窗体后，使用热键"Ctrl+E"。

（4）在要建立菜单的窗体上单击鼠标右键，将弹出一个级联菜单，单击"菜单编辑器"菜单命令，弹出菜单编辑器对话框，如图 6-2 所示。

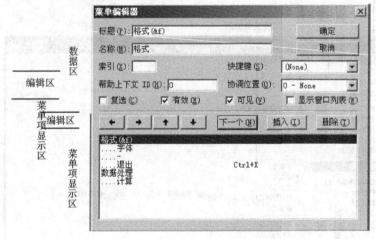

图 6-2 菜单编辑器

其中各区选项的含义如下。

（1）数据区。

① "标题"。

该文本框用来输入菜单名，这些名字出现在菜单栏或菜单之中，该标题实际上是菜单控件的 Caption 属性。

如果想在菜单中建立分隔条，则应在"标题"文本框中输入一个连字符（减号）"—"。

为了能够设置热键通过键盘访问菜单项，可在一个字母前插入&符号。例如，"新建（&N）". 在运行时，该字母带有下划线（&符号是不可见的），同时按 Alt 键和该字母就可访问菜单或命令，称作热键，如图 6-3 所示。菜单中不能使用重复的热键。如果要在菜单中显示&符号，则应在标题中连续输入两个&符号。

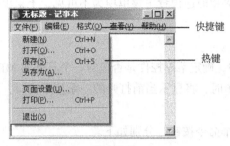

图 6-3　菜单元素

② "名称"。

该文本输入框中可以为菜单名及各菜单项输入控件名称。控件名称是标识符（实际上是控件的 Name 属性），仅用于访问代码中的菜单项，它不会在菜单中出现。每一个菜单名和每个菜单项都是一个控件，都要为其取一个名称，在代码中就是以该名称来访问菜单项的。

③ "索引"。

当几个菜单项使用相同的名称时，把它们组成控件数组，可指定一个数字值来确定每一个菜单项在控件数组中的位置。该位置与控件的屏幕位置无关。

④ "快捷键"。

可在该列表框中为命令选择快捷键，"快捷键"为一个下拉列表框，在其右侧有一个下拉箭头，单击这一箭头会出现一个下拉列表，里面列出了可供选择的全部快捷键组合。注意：顶层菜单只能使用热键，不能使用快捷键。

⑤ "帮助上下文 ID"。

可在该文本框中输入数值，这个值用来在帮助文件（用 HelpFile 属性设置）中查找相应的帮助主题。

⑥ "协调位置"。

用来确定菜单或菜单项是否出现或在什么位置出现。该列表有 4 个选项：

0-None　　　　菜单项不显示

1-Left　　　　菜单项靠左显示

2-Middle　　　菜单项居中显示

3-Right　　　　菜单项靠右显示

⑦ "复选"。

允许在菜单项的左边设置复选标记。它不改变菜单项的作用，也不影响事件过程对任何对象的执行结果。通常用它来指出切换选项的开关状态，如果"复选"框被选中，则该项菜单的左边有个选中标记"√"，该复选框实际上是菜单控件的 Checked 属性。

⑧ "有效"。

由此选项可决定是否让菜单项对事件做出响应，如果取消对该复选框的选中或者在代码中设置为 False，则该项无法访问并以浅灰色显示出来。该复选框实际上是菜单控件的 Enabled 属性，默认状态为 True。

⑨ "可见"。

该选项决定是否将菜单项显示在菜单上，如果设计时未选中，则整个菜单或者菜单项都是不可见的，在设置弹出式菜单时应设置主菜单项为不可见，子菜单项为可见。该复选框实际上是菜单控件的 Visible 属性。

⑩ "显示窗口列表"。

在 MDI 应用程序中，确定菜单控件是否包含一个打开的 MDI 子窗体列表。当该选项被设置为 "On"（框内有 "√"）时，将显示当前打开的一系列子窗口，用于多文档应用程序。

（2）编辑区。

在编辑区一共有 7 个命令按钮，分别如下。

① "下一个"。

将选定移动到下一行，开始一个新的菜单项（与回车键作用相同）。

② "插入"。

在列表框的当前选定行上方插入一行，可在这一位置插入一个新的菜单项。

③ "删除"。

删除当前选定行（条形光标所在行），即删除当前菜单项。

④ "右箭头"。

每次单击都把选定的菜单向右移一个等级（用内缩符号显示），一共可以创建 5 个子菜单等级。

⑤ "左箭头"。

每次单击都把选定的菜单向上移一个等级(用内缩符号显示)，一共可以创建 5 个子菜单等级。

⑥ "上箭头"。

每次单击都把选定的菜单项在同级菜单内向上移动一个位置。

⑦ "下箭头"。

每次单击都把选定的菜单项在同级菜单内向下移动一个位置。

3. 下拉式菜单的组成（见图 6-1）

（1）下拉式菜单由主菜单、主菜单项、子菜单等组成。

（2）子菜单可分为一级子菜单、二级子菜单直到六级子菜单。

（3）每级子菜单由菜单项、快捷键、分隔条、子菜单提示符等组成。

三、任务实施

打开菜单编辑器建立菜单，要求格式如图 6-4 所示

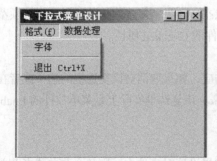 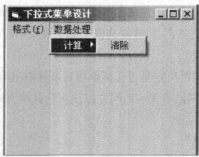

图 6-4　下拉菜单

（1）在 VB 中新建一个工程与一个窗体。将窗体的 Caption 属性改为"下拉式菜单设计示例"。

（2）启动菜单编辑器，在 VB 中执行菜单命令："工具"→"菜单编辑器"，进入如图 6-2 所示菜单编辑器对话框界面。

（3）使用菜单编辑器建立菜单，各菜单项的属性见表 6-1。

表 6-1 各菜单项属性

菜 单 项	快 捷 键	名 称	选中的复选框
格式（&f）		格式	有效、可见
....字体		字体	有效、可见
.... —		FGT	有效、可见
...退出	Ctrl+X	退出	有效、可见
数据处理		数据处理	有效、可见
...计算		计算	有效、可见
........清除	Ctrl+F1	清除	有效、可见

（4）创建主菜单项，在标题栏中输入"格式（&F）"（F 键成为热键），名称栏中输入"格式"，表示"格式"菜单的对象名为"格式"。按"下一个"按钮将产生新的菜单项。

说明：若不需给"文件"主菜单项设置热键，只要取消标题栏中的"（&F）"即可。

（5）创建子菜单项。

标题栏中输入"字体"，名称栏中输入"字体"，单击"→"按钮，使"新建"菜单项向右缩进 4 个点。单击"下一个"按钮产生新的菜单项。

标题栏中输入"—"，名称栏中输入"FGT"，使菜单项成为分隔条，单击"下一个"按钮产生新的菜单项。

标题栏中输入"退出"，名称栏中输入"退出"，在快捷键栏中选择"Ctrl+X"，单击"下一个"按钮产生新的菜单项。

继续创建"数据处理"、"计算"等子菜单项。

说明：若再单击"→"按钮，使菜单项向右再缩进 4 个点（共 8 个点），表示该菜单项为二级子菜单项。单击 n 次"→"单击，使菜单项向右再缩进 4*n 个点，该菜单项成为 n 级子菜单项。若要使 n 级子菜单项升级为 n-1 级子菜单项，只需单击"←"按钮即可。当菜单项向左移动到左边框线时便成为主菜单项。

（6）建立菜单项事件过程。

对"退出"、"清除"、2 个菜单项编写事件过程。

"退出"菜单的功能是退出程序，在窗体设计器中，选择并单击"退出"菜单项，进入代码编辑器，输入如下代码：

```
Private Sub 退出_Click()
    End
End Sub
```

"清除"菜单的功能是清除对象所进行的任何画图操作，恢复到设计时的样子，在窗体设计器中，选择并单击"清除"菜单项，进入代码编辑器，输入如下代码：

```
Private Sub 清除_Click()
    Cls
End Sub
```

【总结】

1. 用前面的方法建立的菜单是固定的，菜单项不能自动增减。为了增加或减少菜单项，必须打开菜单编辑窗口，对原来的菜单进行增删。

2. 菜单项的增减是通过控件数组来实现的。一个控件数组含有若干个控件，这些控件的名称相同，所使用的事件过程相同，但其中的每个元素可以有自己的属性。和普通数组一样，可以通过下标（Index）访问控件数组中的元素。控件数组可以在设计阶段建立，也可以在运行时建立。

四、随堂练习

设计一个具有算术运算（+、-、×、/）及清除功能的菜单。从键盘上输入两个数，利用菜单命令求出它们的和、差、积、商，并显示出来，如图 6-5 所示。

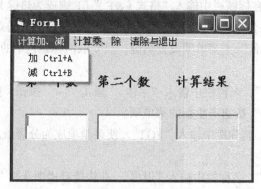

图 6-5 菜单计算器

任务 2 弹出式菜单

一、任务分析

本任务通过一个实验来掌握如何设置弹出式菜单及其相关格式。

二、相关知识

弹出式菜单是独立于窗体菜单栏而显示在窗体内的浮动菜单，又称为上下文菜单。几乎每个 Windows 应用程序都提供弹出式菜单，用户可以通过单击鼠标右键来激活上下文菜单，用于对窗体中某个特定区域有关的操作或选项进行控制。弹出式菜单也属于普通菜单，但与下拉式菜单不同，它不需要在窗口的顶部下拉打开，可在窗口的任意位置打开，显示位置取决于单击鼠标键时指针的位置。

建立弹出式菜单的步骤如下。

（1）用菜单编辑器建立主菜单项（没有缩进符号），这一步与前面介绍的基本相同，唯一的区别是，必须把菜单名（即主菜单项）的可见属性设置为 False（子菜单项不要设置为 False），这样主菜单项就不出现在窗体的菜单栏中。

（2）用 PopupMenu 方法弹出显示。

PopupMenu 方法用来显示弹出菜单，语法格式为

```
object.PopupMenu menuname,flags,x, y,boldcommand
```

其中，

Object（对象）——窗体名。

Menuname（菜单名）——指在菜单编辑器中定义的主菜单项名。

x、y——弹出式菜单在窗体上的显示位置的 x、y 坐标（与 Flags 参数配合使用）。

Boldcommand——指定弹出式菜中的弹出式菜单控件的名字，用以显示为黑体正文标题。

Flags——该参数是一个数值或符号常量，指定弹出式菜单的位置和行为，其取值分为两组，一组用来指定菜单位置，另一组用来定义特殊的菜单行为，如表 6-2 所示。

表6-2 指定菜单位置

定 位 常 量	值	作　用
VbPopupMenuLeftAlign	0	x 坐标指定弹出式菜单的左边界位置
VbPopupMenuCenterAlign	4	x 坐标指定弹出式菜单的中间位置
VbPopupMenuRightAlign	8	x 坐标指定弹出式菜单的右边界位置

表6-3 定义菜单行为

定 位 常 量	值	作　用
VbPopupMenuLeftButton	0	通过单击鼠标左键选择菜单命令
VbPopupMenuRightButton	8	通过单击鼠标右键选择菜单命令

【说明】

- PopupMenu 方法的 6 个参数中，除"菜单名"外，其余参数都是可选的。当省略了"对象"时，弹出式菜单只能在当前窗体中显示。如果需要在其他窗体中显示弹出菜单，则必须加上窗体名。
- Flags 的两组参数可以单独使用，也可以联合使用。当联合使用时，每组中取一个值，两个值相加；如果使用符号常量，则两个值用 Or 连接。
- x、y 分别用来指定弹出式菜单显示位置的横、纵坐标，如果省略，则弹出菜单在鼠标光标的当前位置显示。
- 弹出式菜单的"位置"由 x、y、Flags 参数共同指定。如果省略这几个参数，则在单击鼠标右键弹出菜单时，鼠标光标所在位置为弹出式菜单左上角的坐标。在默认情况下，以窗体的左上角为坐标原点。如果只省略 Flags 参数，不省略 x、y 参数，则 x、y 为弹出式菜单左上角的坐标；如果同时使用 x、y 及 Flags 参数，则弹出菜单的

位置分为以下几种情况：

Flags=0　　　*x*、*y* 为弹出式菜单左上角的坐标

Flags=4　　　*x*、*y* 为弹出式菜单顶边中间的坐标

Flags=8　　　*x*、*y* 为弹出式菜单右上角的坐标

- 为了显示弹出式菜单，通常把 PopupMenu 方法放在 MouseDown 事件中，该事件响应所有的鼠标单击操作。按照惯例，一般通过单击鼠标右键显示弹出菜单，这可以用 Button 参数来实现。对于两个键的鼠标来说，左键的 Button 参数值为 1，右键的 Button 参数值为 2。因此可以强制使用右键来响应 MouseDown 事件而显示弹出菜单：

If Button=2 Then PopupMenu 菜单名。

三、任务实施

建立一个弹出式菜单，用来改变文本框中字体的属性

（1）打开菜单编辑器，设置各菜单属性，菜单项的属性如表 6-4 所示。

表 6-4　弹出菜单项属性

菜　单　项	内　缩　符　号	名　　称	可　见　性
字体格式化	无	popFormat	不可见
粗体	1	popBold	可见
斜体	1	popItalic	可见
下划线	1	popUnder	可见
20	1	font20	可见
隶书	1	fontLs	可见

（2）编写窗体的 MouseDown 事件过程。

Private Sub Form_MouseDown(Button As Integer, Shift As Integer, X As Single, Y As Single)

If Button = 2 Then '判断所按下的是否为鼠标右键，如果是，则用 PopupMenu 方法弹出菜单。

PopupMenu popFormat 'PopupMenu 方法省略了对象参数,指的是当前窗体。

```
    End If
End Sub
```

鼠标事件：鼠标事件除了单击（Click）、双击（DbClick）事件外，还有识别按下或放开某个鼠标键而触发的事件，它们是压下鼠标事件（MouseDown）、松开鼠标事件（MouseUp）、移动鼠标光标事件（MouseMove）。3 个鼠标事件具有相同的参数，含义分别为：

- Button——被按下的鼠标键，可取 3 个值 1、2、4，分别表示鼠标的左键、右键和中间键（如果没有或不可用，可省略）。
- *x*、*y*——鼠标光标当前的位置，不需要给出具体的数值，它随鼠标光标在窗体上的移动而变化。
- Shift——表示 Shift、Ctrl 和 Alt 的状态。它有 8 个值（0~7），分别作用如下：

　　0——未按转换键

1——按下 Shift 键

2——按下 Ctrl 键

3——同时按下 Shift 键和 Ctrl 键

4——按下 Alt 键

5——按下 Alt 键和 Shift 键

6——按下 Alt 键和 Ctrl 键

7——同时按下 Shift 键、Ctrl 键和 Alt 键

（3）在窗体上画一个文本框，并编写如下窗体事件过程。

```
Private Sub Form_Load()
    Text1.Text = "弹出式菜单设计"
End Sub
```

（4）对各个子菜单项编写事件过程。

因为主菜单不可见，所以不能直接通过下拉主菜单而单击子菜单进入代码窗口，必须先进入代码窗口（按 F7 键或双击窗体或执行"视图"菜单下的"代码窗口"命令），然后分别从"对象名称"框和"事件名称"框中选择对应项，然后分别编写代码。

```
Private Sub popBold_Click()
    Text1.FontBold = True
End Sub

Private Sub popItalic_Click()
    Text1.FontItalic = True
End Sub

Private Sub popUnder_Click()
    Text1.FontUnderline = True
End Sub

Private Sub fontLs_Click()
    Text1.FontName = "隶书"
End Sub
Private Sub Quit_Click()
    End
End Sub
```

运行结果见图 6-6。

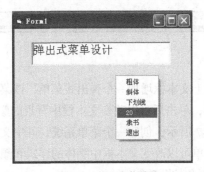

图 6-6　弹出式菜单

关于字形：VB 中可以输出各种英文和中文字形，并可通过设置字形的属性来改变它们。这些属性主要有如下几项。

- 字体类型格式：

```
[窗体.][控件.]|Printer.FontName[="字体类型"
```

- 字体大小格式：

```
FontSize[=点数]
```

- 粗体字格式：

```
FontBold[=Boolean]
```

- 斜体字格式：

```
FontItalic[=Boolean]
```

- 加下划线格式：

```
FontUnderline[=Boolean]
```

- 加删除线格式：

```
FontStrikethru[=Boolean]
```

- 重叠显示——当以图形或文本作为背景显示新的信息时，有时需要保留原来的背景，使新显示的信息与背景重叠（只适用于窗体和图片框）。格式如下：

```
FontTransParent[=Boolean]
```

【总结】

弹出菜单是独立于菜单栏的浮动菜单，其在窗体上的显示位置由单击鼠标时指针的位置决定。弹出式菜单也是通过"菜单编辑器"来设计的。设计方法与下拉式菜单相似，仅该菜单名不可显示，主菜单的"可见"Visible 属性为 False。

项目实训

1. 为窗体上文本框增加一个弹出式菜单，该菜单中包含"红色"、"蓝色"和"绿色"等选项，单击后可以改变文本框中背景的颜色。

2. 如图 6-7 所示，创建一个菜单系统，其中文件菜单具有：打开、保存和退出功能；格式菜单可以改变文本框中字体的样式和颜色；弹出式菜单用于编辑文本，具有剪切、复制和粘贴功能。

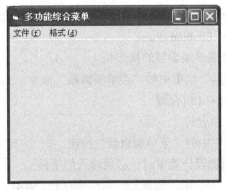

图 6-7 弹出式菜单

项目练习

一、选择题

1. 在用菜单编辑器设计菜单时，必须输入的项有（　　　）。

 A．标题　　　　　B．快捷键　　　　C．索引　　　　D．名称

2. 在下列关于菜单的说法中，错误的是（　　　）。

 A．每个菜单项与其他控件一样也有自己的属性和事件

 B．除了 Click 事件之外，菜单项还能响应其他如 DblClick 等事件

 C．菜单项的快捷键不能任意设置

 D．程序运行时，若菜单项的 Enabled 属性为 False，则该菜单项变成灰色

3. 在下列关于对话框的叙述中，错误的是（　　　）。

 A．CommanDialog1.ShowFont 显示字体对话框

 B．在打开对话框中，用户选择的文件名可以经 FileTile 属性返回

 C．在打开对话框中，用户选择的文件名及路径可以经 FileName 属性返回

 D．通用对话框中可以制作和显示帮助对话框

4. 菜单的热键指使用 Alt 键和菜单标题中的一个字符来打开菜单，建立热键的方法是在菜单标题的某个字符前加上一个（　　　）字符。

 A．%　　　　　　B．$　　　　　　C．&　　　　　D．#

5. 下面关于菜单的说法中，错误的是（　　　）。

 A．菜单项的索引号可以不连续

 B．菜单项的索引号必须从 1 开始

 C．每个菜单项是一个控件，与其他控件一样，也有其属性和事件

 D．除了 Click 事件以外，菜单项不可以响应其他事件

6. 假设有一个菜单项，其名为 MenuItem1，为了在运行时给菜单项失效（变灰），应使用的语句为（　　　）。

A. MenuItem1.Visible=False   B. MenuItem1.Visible=True

C. MenuItem1.Enabled=False   D. MenuItem1.Enabled=True

7. 下列不能打开菜单编辑器的操作是（   ）。

    A. 执行"工具"菜单中的"菜单编辑器"命令

    B. 按 Ctrl+Alt+M 组合键

    C. 按 Ctrl+E 组合键

    D. 单击工具栏中的"菜单编辑器"按钮

8. 在用菜单编辑器设计菜单时，必须输入的项是（   ）。

    A. 快捷键   B. 名称   C. 索引   D. 标题

9. 菜单编辑器设计的菜单控件在程序设计中的引用对象是（   ）。

    A. 菜单索引   B. 菜单标题   C. 菜单快捷键   D. 菜单名称

10. 为菜单项中某字母添加访问键的方法是（   ）。

    A. 在该字母前加"-"   B. 在该字母前加"&"

    C. 在该字母前加"@"   D. 在该字母前加"#"

11. 下列有关子菜单的不正确说法是（   ）。

    A. 子菜单可以是分隔符   B. 菜单项只响应 Click 事件

    C. 菜单项的默认索引号为 1   D. 每个菜单项都是一个单独的对象

12. 下列叙述不正确的说法是（   ）。

    A. 下拉式菜单和弹出式菜单都用菜单编辑器建立

    B. 在多窗体程序中，每个窗体都可以建立自己的菜单系统

    C. 除分隔线外，所有菜单项都能接收 Click 事件

    D. 如果把一个菜单项的 Enabled 属性设置为 False，则该菜单项不可见

13. 设置菜单中有一个菜单项为"Open"，若要为该菜单命令设置访问键即按下 Alt 键及字母 O 时，能够执行 Open 命令，则在菜单编辑器中设置 Open 命令的方式是（   ）。

    A. 把 Caption 属性设置为& Open   B. 把 Name 属性设置为 O&Open

    C. 把 Name 属性设置为& Open   D. 把 Caption 属性设置为 O&Open

14. 下列有关菜单不正确的说法是（   ）。

    A. 在程序运行过程中可以增加或减少菜单项

    B. 如果把一个菜单项的 Enabled 属性设置为 False，则可删除该菜单项

    C. 弹出式菜单在菜单编辑器中设计

    D. 利用控件数组可以实现菜单项的增加或减少

15. 如果要在菜单中添加一个分隔线，则应将其 Caption 属性设置为（   ）。

    A. :   B. ,   C. &   D. -

二、填空题

1. 弹出式菜单、下拉式菜单的设计是在_____窗口中进行的。

2. 菜单分为_____菜单和_____菜单，菜单总是与窗体相关联。

3. 在菜单设计过程中，不可以给_____级菜单设置快捷键。

4. 为了显示弹出式菜单，可以使用_____方法。

5. 弹出式菜单在_____中设计，且一定要使_____级菜单不可见。

6. 语句 PopupMenu PMENU,4 OR 2,PMENU3 中：

PMENU 表示_____；

4 表示_____；

2 表示_____；

PMENU3 表示_____。

7. 菜单编辑器窗口分成 3 个部分：_____、_____、_____。

8. 用键盘选取菜单的常用方法有两种：_____、_____。

9. 如果要将某个菜单项设计为分割线，则该菜单项的标题应设置为_____。

10. 在菜单编辑器中，菜单项后面的 4 个小点的含义是_____。

11. 在菜单编辑器中建立了一个菜单，名为 pmenu，用下面的语句可以把它作为弹出式菜单弹出，请填空。Form1._____pmenu

12. 某菜单项显示出来的标题为"文件[F]"，那么在菜单编辑器中输入的标题应为_____。

13. 有一个菜单项名为 Menu11，要想在程序运行时把它的显示标题改为"你好"，应执行的语句是_____。

14. 运行时动态增减菜单项必须使用菜单数组，增加菜单项时需要采用_____语句，减少菜单项时要使用_____语句。

项目 7

设计文件操作程序

本项目主要介绍 Visual Basic 程序如何访问文件，包括文件分类、Visual Basic 操作文件的方法和文件系统控件等内容。

【学习目标】

1. 了解数据文件的分类。
2. 掌握顺序文件的基本操作。
3. 掌握随机文件的基本操作。
4. 掌握文件系统控件的使用方法。

任务 1 访问顺序文件

一、任务分析

本任务是计算小区用户的电费。编程从顺序文件中读取数据，进行计算，再把计算结果写入顺序文件。

二、相关知识

1．文件的概念

所谓文件，一般是指存储在外部介质（磁盘）上的数据的集合。每个文件都有一个文件名，用户和系统都通过文件名对文件进行访问。可以从不同的角度对文件进行分类。

（1）文件按内容区分，可分为程序文件和数据文件。程序文件存储的是程序，包括源程序和可执行程序，如 "工程 1.vbp、工程 1.exe、Prog1.BAS" 均为程序文件。数据文件存储的是程序运行所需要的数据，如 "stud.txt、w1.doc、Data1.dat" 等文本文件、Word 文档、数据文件。

（2）文件按存储信息的形式区分，可分为 ASCII 文件和二进制文件。

（3）文件按照存取访问方式，分为顺序文件、随机文件和二进制文件。

① 顺序文件按行组织信息，每行由若干项组成，行的长度不固定，每行由回车换行符号结束。顺序文件中的记录行是一个接着一个地顺序存放。即在顺序文件中，只知道第一个记录的存储位置，其他记录的位置无法获知。因此访问顺序文件时，数据是一个接着一个地顺序写到文件中的；在读取或查找文件中的某一数据时，也是从文件头开始，一个记录一个记录地顺序读取或查找，直到找到要读取或查找的记录为止。不能直接读取某条记录的信息。顺序文件是文本文件。

② 随机文件由固定长度的记录顺序排列而成，每个记录可由多个数据项组成。随机文件中每一个记录定长，并设置记录号，记录号从 1 开始。读/写记录时，只要给定记录的编号，系统就以此算出记录所在位置，然后直接读出或写入数据。

③ 广义的二进制文件即指文件，由文件在外部设备的存放形式为二进制而得名。狭义的二进制文件即除文本文件（也称 ASCII 文件）以外的文件。文本文件是一种由很多行字符构成的计算机文件。文本文件存在于计算机系统中，通常在文本文件最后一行放置文件结束标志。文本文件的编码基于字符定长，译码相对要容易一些；二进制文件编码是变长的，灵活利用率要高，而译码要难一些，不同的二进制文件译码方式也不同。如果一个文件中的每个字节的内容都可以表示成字符的数据，我们就可以称这个文件为文本文件，可见，文本文件只是二进制文件中的一种特例，为了与文本文件相区别，人们又把除了文本文件以外的文件称为二进制文件，由于很难严格区分文本文件和二进制文件的概念，所以我们可以简单地认为，如果一个文件专门用于存储文本字符的数据，没有包含字符以外的其他数据，我们就称为文本文件，除此之外的文件就是二进制文件。

2．文件的基本操作

数据文件的基本操作包括打开文件、读或写文件、关闭文件。

（1）打开文件。

文件操作的第一步是打开文件，如果一个文件已经存在，则打开该文件；如果文件不存在，则新建该文件。

（2）读/写文件。

读/写文件（访问文件）是文件操作的第二步。从磁盘将数据输入内存称为"读"，从内存将数据存入磁盘称为"写"。

（3）关闭文件。

打开文件，对文件进行读/写操作后，必须关闭文件，否则会造成数据丢失。关闭文件会把文件缓冲区中的数据全部写入磁盘，释放掉该文件缓冲区占用的内存。

3．顺序文件的基本操作

（1）顺序文件的打开与关闭。

在对顺序文件进行操作之前，必须用 Open 语句打开要操作的文件。在对一个文件操作完成后，要用 Close 语句将它关闭。

① Open 语句的一般格式如下：

```
Open  文件名  [For 打开方式 ]  As  [#]文件号
```

其中，打开方式包括以下 3 种。

- Input：顺序输入方式。即读文件，程序从以"Input 方式"打开的文件中读取数据。
- Output：顺序输出方式。即写文件，程序向以"Output 方式"打开的文件中写入数据。如果该文件中原来有数据，则新写入的数据将覆盖原有的数据。
- Append：顺序输出方式。向文件追加数据，与 Output 方式不同的是，Append 方式把新的数据附加到文件原有数据的后面，文件中原有的数据能够保留。

文件号是一个 1 ~ 511 的整数。它用来代表所打开的文件，文件号可以是整数或数值型变量。

例如：

```
Open  "d:\Data1.dat"  For Input  As  #1
```

该语句以输入方式打开文件 Data 1.dat，并指定文件号为 1。

```
Open  "d:\Data2.dat"  For Output  As  #3
```

该语句以输出方式打开文件 Data 2.dat，即向文件 Data 2.dat 进行写操作，并指定文件号为 3。

```
Open  "d:\Data3.dat"  For Append  As  #5
```

该语句以添加方式打开文件 Data 3.dat，即向文件 Data 3.dat 添加数据，并指定文件号为 5。

② Close 语句的一般格式如下：

```
Close  [文件号表列]
```

【说明】

文件号表列是用","隔开的若干个文件号，文件号与 Open 语句的文件号相对应。

例如：

```
Close  #1
```

该语句关闭文件号为 1 的文件。

```
Close  #5, #3
```

该语句关闭文件号为 5，3 的文件。

```
Close
```

该语句关闭所有已打开的文件。

（2）顺序文件的写操作。

向顺序文件写入数据的命令语句是 Print 或 Write。

① Print 语句一般格式如下：

```
Print  #文件号 [, 输出表列]
```

其中文件号是在 Open 语句中指定的，"输出表列"可以是常数、变量名和表达式，数据之间用 "，" 或 "；" 隔开，输出表列中还可以使用 Tab 和 Spc 函数。

例如：

```
Print  #3, no,name,dl
```

② Write 语句一般格式如下：

```
Write  #文件号 [, 输出表列]
```

用 Write 语句向文件写入数据时，与 Print 语句不同的是，Write 语句能自动在各数据项之间插入逗号，并给各字符串加上双引号。

例如：

```
Write  #5, no,name,dl
```

创建一个新的顺序文件或向一个已存在的顺序文件中添加数据，都是通过写操作实现的。另外，顺序文件也可由文本编辑器（记事本、Word 等）创建和编辑。

（3）顺序文件的读操作。

在读一个顺序文件时，首先要用 Input 方式将准备读的文件打开。VB 提供了 Input、Line Input 语句将顺序文件的内容读入。

① Input 语句格式如下：

```
Input  #文件号, 变量表列
```

【说明】

变量用来存放从顺序文件中读出的数据。变量表列中的各项用逗号隔开，并且变量的个数和类型应该与从磁盘文件读取的记录中所存储的数据项匹配。

使用该语句将从文件中读出数据，并将读出的数据分别赋给指定的变量。为了能够用 Input 语句将文件中的数据正确地读出，在将数据写入文件时，要使用 Write 语句而不是用 Print 语句。因为 Write 语句可以确保将各个数据项正确地区分开。

例如：

```
Input #5, x, y, z
Input #5, a, b, c
```

② Line Input 语句格式如下：

```
Line Input    #文件号, 字符串变量
```

Line Input 语句是从打开的顺序文件中读取一行。

其中的字符串变量用来接收从顺序文件中读出的一行数据。读出的数据不包括回车及换行符。

例如：

Line Input #1, a

4．常用的文件函数

读写数据文件时，常用到下列函数。

（1）EOF 函数。

格式：EOF（文件号）

功能：用于判断读取的位置是否已到达文件尾。当读到文件尾时，返回 True，否则返回 False。对于顺序文件，用 EOF 函数测试是否到达文件尾；对于随机文件和二进制文件，如果读不到最后一个记录的全部数据，返回 True，否则返回 False。对于以 Output 方式打开的顺序文件，EOF 函数总是返回 True。

编程时，用 EOF 函数判断读取文件是否结束。

（2）LOF 函数。

格式：LOF（文件号）

功能：返回一个已打开文件的大小，类型为 Long，单位是字节。返回值是 0，则表示该文件时一个空文件。

假如一个文件的内容为"我们一起来学习 VB"，LOF 函数的返回值为 16，而不是实际字符 9，因为是返回文件的字节数。

（3）FileLen 函数。

格式：FileLen（文件名）

功能：返回一个未打开文件的大小，类型为 long，单位是字节。文件名可以包含驱动器以及目录。

例如：

```
FileLen ("D:\vb\salary.dat")
```

三、任务实施

（1）新建一个工程 PROG1.vbp，窗体文件为 Frm1. Frm。窗体设计如图 7-1 所示，2 个命令按钮，标题分别为"输入"和"计算"，名称依次为 Cmd1 和 Cmd2。

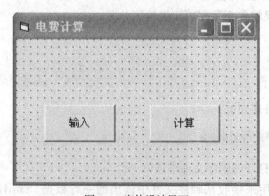

图 7-1　窗体设计界面

（2）用 Write 语句将 3 个业主的房号、姓名、用电量写顺序文件" D:\VBJC\al\al7-1\Powerc.dat"，编写命令按钮 Cmd1 的单击事件代码如图 7-2 所示。

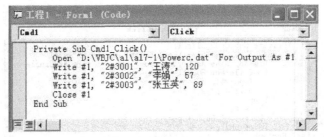

图 7-2 写顺序文件

运行程序，单击窗体中的输入按钮，则在"D:\VBJC\al\al7-1\"下可见数据文件 Powerc.dat，用记事本打开 Powerc.dat，如图 7-3 所示。

图 7-3 用 Write 语句写的数据

如果将上述代码中所有的 Write 语句改为 Print，则为

```
Private Sub Cmd1_Click()
    Open "D:\VBJC\al\al7-1\Powerc.dat" For Output As #1
    Print #1, "2#3001", "王涛", 120
    Print #1, "2#3002", "李娟", 57
    Print #1, "2#3003", "张玉英", 89
    Close #1
End Sub
```

则数据文件 Powerc.dat 的内容如图 7-4 所示。

Powerc.dat - 记事本		
2#3001	王涛	120
2#3002	李娟	57
2#3003	张玉英	89

图 7-4 用 Print 语句写的数据

注意：

① 可以看出用 Write 语句与 Print 语句的区别是，当向文件写入数据时，Write 语句会自动在各数据项之间插入逗号，数据以紧凑格式存放，并给字符串加上双引号；

② 用 Write 语句向文件写入数据时，一旦最后一项被写入，就插入新的一行；

③ 向文件写入数据时，最好采用 Write 语句而不用 Print 语句，因为使用 Write 语句可以确保将各个单独的数据域分开，便于以后顺利使用 Input 语句从数据文件中读出数据。

（3）用 Input 语句按原有的数据类型从 Powerc.dat 中读出数据，计算总用电量和电费，并在窗体上显示。电费。编写命令按钮 Cmd2 的单击事件代码，如图 7-5 所示。

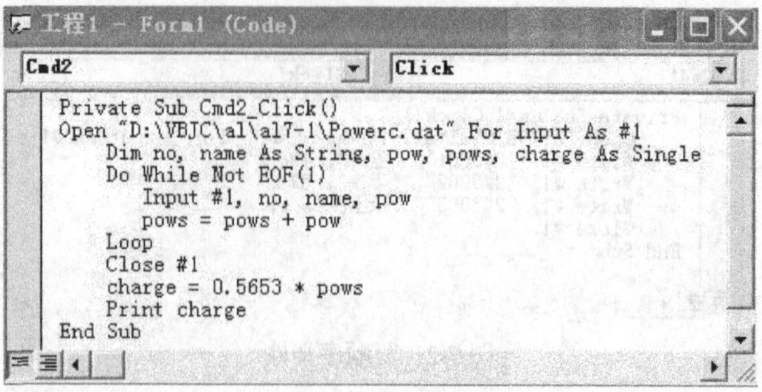

图 7-5　读顺序文件

（4）运行程序，单击窗体中的计算按钮，则在窗体中可见电费 charge 的值。

【总结】

文本文件一旦创立，就可分 3 步向其中加入或读出数据：第一步，打开文本文件；第二步，写入或读出数据；第三步，关闭文件。

四、随堂练习

计算学生的平均成绩。编程将两个学生的学号、姓名和成绩写入顺序文件，从顺序文件中读取数据，计算平均成绩，把计算结果显示在窗体中。

任务 2　访问随机文件

一、任务分析

本任务是计算小区用户的电费。编程输入和计算用户的用电数据并写入随机文件中，再从随机文件中读取数据，进行计算，显示小区用户的电费情况。

二、相关知识

1．顺序文件和随机文件比较

使用顺序文件读取数据必须顺序访问，即使所要读取的数据是在文件的末端，也要把前面的数据全部读完才能取得该数据。而随机文件则可直接快速访问文件中的任意一条记录。

2．随机文件的基本操作

在对一个随机文件操作之前，也必须先用 Open 语句打开文件，随机文件的打开方式必须是 Random 方式，同时还要指明记录的长度。与顺序文件不同的是，随机文件打开后，可同时进行写入与读出操作。

（1）随机文件的打开与关闭。

① 随机文件的打开语句。

```
Open 文件名 For Random As #文件号 Len=记录长度
```

其中，记录长度是一条记录所占的字节数，可以用 Len 函数获得。

例如，定义以下记录变量：

```
Type studType
  Name  As  String*10
  Age  As  Integer
End  Type
Public Std As studType
```

就可以用下面的语句打开随机文件"d:\Test.dat"：

```
Open "d:\Test.dat" For Random As #9 Len=Len(Std)
```

② 随机文件的关闭同顺序文件一样，用 Close 语句。

（2）随机文件的写操作。

随机文件的写操作用 Put 语句，其格式为

Put　[#]文件号，[记录号]，变量

说明：Put 语句把一个记录变量的内容写入文件中指定的记录位置。记录号是一个大于或等于 1 的整数，如果默认记录号，则表示在当前记录后写入一条记录。

例如：

```
Put # 1, 9, Std
```

表示将记录变量 Std 的内容存入 1 号文件中的第 9 号记录。

（3）随机文件的读操作。

随机文件的读操作用 Get 语句，其格式为

```
Get  [#]文件号，[记录号]，变量
```

【说明】

Get 语句把文件中一条由记录号指定的记录内容读入指定的变量中。记录号是一个大于或等于 1 的整数，如果默认记录号，则表示读取当前记录后的那一条记录。

例如：

```
Get  # 2, 3, stud
```

表示将 2 号文件中的第三条记录读出后存放到变量 stud 中。

三、任务实施

（1）新建一个工程 Prog2.vbp，窗体文件为 Frm1. Frm。窗体设计如图 7-6 所示，3 个命令按钮，标题分别为"写入"、"读出"和"退出"，名称依次为 Cmd1 、Cmd2 和 Cmd3。

（2）建立一个随机文件，向该文件写入小区业主的房号、姓名、电量和电费，其中电费根据电量计算。编写程序代码如下。

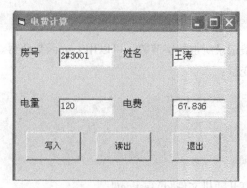

图 7-6　程序的运行界面

编写标准模块代码，定义记录类型：

```
Type propertyp
    No As String * 6
    Name  As String * 10
    Pow As Single
    Powc As Single
End Type
```

编写窗体代码，将业主记录信息写入随机文件。

在通用声明区，定义模块级变量：

```
Private pt As propertyp
Private lastrec As Integer
```

在窗体的加载事件中编写代码如下：

```
Private Sub Form_Load()
    Open "D:\VBJC\al\al7-2\Powerc.dat" For Random As #1 Len = Len(pt)
    lastrec = Lof(1) / Len(pt)      '计算最后一条记录的记录号
End Sub
```

在文本框 Text3 的 Change 事件中编写代码如下：

```
Private Sub Text3_Change()
Dim x As Single
x = Val(Text3.Text)
Text4.Text = Str(0.5653 * x)       '计算电费并输入文本框
End Sub
```

在标题为"写入"命令按钮的单击事件编写代码如下：

```
Private Sub Cmdl_Click()
    pt.No = Text1.Text
    pt.Name = Text2.Text
    pt.Pow = Val(Text3.Text)
    pt.Powc = Val(Text4.Text)
    lastrec = lastrec + 1
    Put #1, lastrec, pt             '将记录写入文件
    Text1.Text = ""
    Text2.Text = ""
    Text3.Text = ""
```

```
      Text4.Text = ""
   End Sub
```

如图 7-6 所示运行程序，在窗体对应的文本框中输入一组房号、姓名和电量，当输入电量时，相应文本框自动显示电费；单击"写入"按钮，即可将一组数据存入文件，并清空文本框。循环上述操作即可输入并存入指定数据到随机文件"D:\VBJC\al\al7-2\Powerc.dat"。例如我们依次输入下列 3 个业主的信息：

```
"2#3001", "王涛", 120
"2#3002", "李娟", 57
"2#3003", "张玉英", 89
```

（3）从随机文件中读取记录，编写代码将小区业主的房号、姓名、电量和电费从文件中读出并显示在"立即"窗口，代码如下：

```
Private Sub Cmd2_Click()
   Dim i As Integer
   i = 1
   Do While Not EOF(1)
      Get #1, i, pt              '将当前记录读出到记录变量 pt
   Debug.Print pt.No, pt.Name, pt.Powc, pt.Powc
      i = i + 1                  '将记录号加 1
   Loop
End Sub
```

运行程序，单击"读出"按钮，即可从文件中读出所有记录数据，并在立即窗口中显示，如图 7-7 所示。

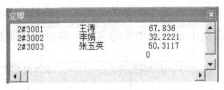

图 7-7　从文件中读出所有记录数据

（4）编写退出系统的代码如下：

```
Private Sub Cmd3_Click()
        Close #1                  '关闭文件
    End
End Sub
```

【总结】

随机文件跟数据库相似，被组织成记录（通常是相同长度的），并以固定长度的记录为单位进行存取，每一个数据项可以有不同的数据类型和宽度。不需读所有在其之前的数据就能够读到指定记录，但必须给出记录号 n，才能计算出该记录与文件首记录的相对地址，因此在用 Open 语句打开文件时必须指定记录长度。在打开一个文件进行随机访问之前，首先要定义一个记录类型，该类型对应于该文件包含或将包含的记录。

用 Get 语句读取随机文件中的记录，用 Put 语句向随机文件写记录。

四、随堂练习

编程将若干个学生的学号、姓名和成绩写入随机文件，从随机文件中读取数据，计算所有学生的平均成绩，并把计算结果在"立即"窗口中显示。

任务 3 使用文件系统控件

一、任务分析

组合使用文件系统控件，构成一个浏览文件目录和打开文件的应用程序。

二、相关知识

文件系统控件是为了在应用程序中显示驱动器、目录和文件信息，满足处理文件的需要。Visual Basic 提供了 3 种文件系统控件：驱动器列表框（DriveListBox）、目录列表框（DirListBox）和文件列表框（FileListBox）。利用文件系统控件的组合可以设计出各种处理文件的对话框程序。

（一）驱动器列表框（DriveListBox）

驱动器列表框控件在工具箱中，如图 7-8 所示。可以通过单击该图标并用鼠标在窗体上拖曳出一个驱动器列表框。可以看到它的右端有一个向下的箭头，在程序运行时，单击此箭头可以打开一个列表，列出当前系统中所有能用的驱动器的名字。打开列表时，列表框的顶部显示当前驱动器的名字，用户如单击列表框中某一驱动器的名字，则顶部立即改为用户所选的驱动器名。

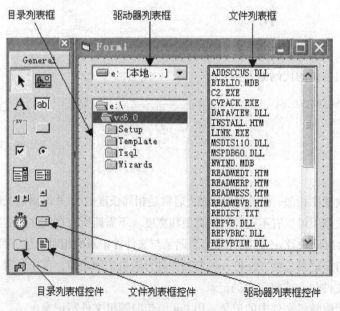

图 7-8　文件系统控件

驱动器列表框最重要的属性是 Drive 属性，该属性用来设置当前驱动器，但此属性不能通过属性窗口设置，只能用程序代码设置，格式如下：

```
驱动器列表框名称.drive[=驱动器名]
```

　　当用户单击列表框中的某一驱动器名时，该驱动器名就成为该列表框的 Drive 属性值，也就是说，Drive 属性可以用来设置当前驱动器，也可以接收并返回用户选定的驱动器名。例如：

```
Drive1.drive="D"
```

　　执行此赋值语句后当前驱动器改为"D:"。

　　驱动器列表框的常用事件是 Change 事件，当 Drive 属性值发生改变时，会触发 Change 事件。

（二）目录列表框（DirListBox）

　　目录列表框的作用是显示当前磁盘驱动器下的目录。当把目录列表框控件添加到窗体后，如图 7-8 所示，可以看到顶部是根目录"e:\"，下面列出"e:\"下的子目录名，其中"vc6.0"被选中，表示它是系统的当前目录。列表框右侧有一个垂直滚动条，在程序运行时移动滚动条可以浏览全部目录。

　　目录列表框有一个重要属性——Path（路径）属性，用来设置和返回当前的路径。Path 属性也不能在设计状态时设置，只能用程序代码设置。格式如下：

　　目录列表框或文件列表框名称.Path[=pathName]

　　其中，pathName 是一个路径名字符串。每当 Path 属性的改变都会引发 Change 事件。

　　可以把驱动器列表框和目录列表框结合起来使用，使二者产生"同步"效果。如在代码窗口编写如下代码：

```
Private Sub Drive1_Change()
  Dir1.Path = Drive1.Drive
End Sub
```

　　当驱动器列表框中改变驱动器时，就会触发 Change 事件，执行 Drive1_Change 过程，在过程执行时就把刚选定的驱动器目录结构赋给目录列表框 Dir1 的 Path 属性，因此在目录列表框就"同步"显示选定的驱动器的目录结构。

（三）文件列表框（FileListBox）

　　文件列表框列出在当前目录下的文件名。由于文件数量多，无法在列表框中全部显示出来，Visual Basic 自动加上垂直滚动条用以浏览，如图 7-8 所示。

　　文件列表框有 3 个重要的常用属性：Path，Pattern 和 FileName。

1．Path 属性

　　Path 属性用来指定当前路径，默认值为系统的当前路径。目录列表框和文件列表框都有 Path 属性，但二者的含义不同：目录列表框列出的是 Path 指定的路径下的所有目录结构，而文件列表框列出的是 Path 指定的路径下的所有文件。

　　为了目录列表框和文件列表框在程序运行时能"同步"工作，即当用户单击目录列表框中的目录名以改变当前目录时，文件列表框也要显示新目录下的文件，我们需要在代码窗口添加如下事件过程：

```
Sub dir1_change()
```

```
      file1.Path = dir1.Path
End Sub
```

这样就会使文件列表框"同步"显示目录列表框中新选定目录下的所有文件。

2．Pattern 属性

Pattern 属性用来限定在文件列表框中显示的文件类型，它的默认值为"*.*"，即显示所有文件。Pattern 属性值既可以在设计阶段在属性表中设置，也可以在运行阶段由语句实现，格式如下：

```
文件列表框名.Pattern[=属性值]
```

例如，语句 file1.pattern="*.Gif；*.Bmp"，限定文件列表框 file1 中只显示.Gif 和.Bmp 文件。每当 Pattern 属性值的改变都会触发"PatternChange"事件。

3．FileName 属性

FileName 属性用来在程序运行时设置或返回所选中的文件名。格式如下：

```
文件列表框名.FileName[=文件名]
```

其中，文件名是一个可以带有路径和通配符的字符串。例如，

```
file1.fileName=" D:\VBJC\al\al7-3\ exp.vbp"
```

表示将 D 盘中\VBJC\al\al7-3\目录下的 exp.vbp 文件作为当前文件。但是，需要注意的一点就是，FileName 的属性值是返回选定文件的文件名，即为"exp.vbp"，要访问该文件的路径，则只有引用 Path 属性才能得到。如果用户单击文件列表框中一个文件名，则也是将此文件名送到了列表框控件的 fileName 属性。

三、任务实施

（1）新建一个工程 PROG3.vbp，窗体文件为 Frm1. Frm。如图 7-9 所示，在窗体中添加 4 个标签控件、1 个驱动器列表框控件、1 个目录列表框控件、1 个文件列表框控件和 1 个图像框控件。控件属性设置如表 7-1 所示。

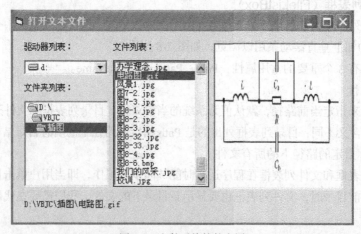

图 7-9　文件系统控件应用

表7-1 控件属性设置

控 件 对 象	属 性	设 置
Frm1	Caption	打开可执行文件
Label1		驱动器列表：
Label2	Caption	文件夹列表：
Label3		文件列表：
Label4		空
Image1	Stretch	True
	BorderStyle	1

其他控件属性均使用默认值。

（2）编写程序代码如下：

```
Private Sub Form_Load()
    File1.Pattern = "*.BMP;*.GIF;*.JPG"
End Sub
Private Sub Drive1_Change()
    Dir1.Path = Drive1.Drive
End Sub
Private Sub Dir1_Change()
    File1.Path = Dir1.Path
End Sub
Private Sub File1_Click()
Image1.Picture = LoadPicture(File1.Path + "\" + File1.FileName)
    Label4.Caption = File1.Path + "\" + File1.FileName '在标签上显示打开的文件路径和名称
End Sub
```

运行程序，当选定某个文件，图像框就将会显示出图片，同时在标签上显示文件的路径和文件名。

【总结】

驱动器列表框、目录列表框、文件列表框3种文件系统控件，用它们组合可设计出各种处理文件的对话框程序。语句 Dir1.Path = Drive1.Drive 的作用是把驱动器列表框 Drive1 的 Drive 属性值赋给目录列表框 Dir1 的 Path 属性，使目录列表框中的目录改变成该驱动器目录。语句 File1.Path = Dir1.Path 的作用是把目录列表框 Dir1 的 Path 属性赋给文件列表框 File1 的 Path 属性值。通过上述两条语句可实现驱动器列表框、目录列表框、文件列表框的同步操作。语句 File1.Pattern = "*.GIF ; *.BMP;*.JPG"用来限定文件列表框中显示的文件类型。

四、随堂练习

组合使用文件系统控件，构成一个浏览文件目录和打开文件的应用程序。

项目实训

1. 编程将若干个学生的学号、姓名和成绩写入顺序文件，从顺序文件中读取数据，计算所有学生的平均成绩，并把计算结果在"立即"窗口中显示。

2. 编写应用程序 Progf.vbp，功能如下。

（1）建立一个随机文件，通过窗体 Form1.frm 输入若干员工的编号、姓名和工资等信息，并存入随机文件 Sal.DAT。

（2）按姓名查找，并在窗体 Form2.frm 中显示找到的记录信息。

3. 编写应用程序，组合使用驱动器、目录和文件列表框控件，如图 7-10 所示。功能如下：

（1）驱动器列表框、目录列表框和文件列表框同步操作；

（2）文件列表框只显示可执行文件（.EXE）。

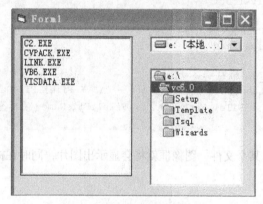

图 7-10　实训 3 窗体运行界面

项目练习

一、选择题

1. 根据数据的存取方式和结构，文件可以分为（　　）。

    A. 顺序文件和随机文件　　　　　　B. 程序文件和数据文件

    C. ASCII 文件和二进制文件　　　　D. 文本文件和二进制文件

2. 下列叙述不正确的是（　　）。

    A. 打开一个文件后，才能对其进行读写操作

B．Open 语句兼有打开文件和新建文件的功能

C．当用 Open 语句打开一个已经打开的文件时，将出现错误信息

D．用 Open 语句以顺序输入的方式打开一个不存在的文件时，将建立该文件

3．以下能判断是否到达文件尾的函数是（　　）。

A．BOF　　　　　　　　　　B．LOC

C．LOF　　　　　　　　　　D．EOF

4．能对顺序文件进行输出操作的语句是（　　）。

A．Put　　　　　　　　　　B．Get

C．Write　　　　　　　　　D．Read

5．下列叙述错误的是（　　）。

A．文件是实现程序和数据分离的重要方式

B．按文件的性质分类，可将文件分为 ASCII 文件和二进制文件

C．文件的存取方式有顺序文件和随机文件两种

D．文件的逻辑结构通常有记录文件和流式文件两种形式

6．目录列表框的 Path 属性的作用是（　　）。

A．显示当前驱动器或指定驱动器上的路径

B．显示当前驱动器或指定驱动器上的某目录下的文件名

C．显示根目录下的文件名

D．只显示当前路径下的文件

7．执行语句 Open"Tel.dat"For Random As #1 Len=50 后，对文件 Tel.dat 中的数据能够执行的操作是（　　）。

A．只能写，不能读　　　　　　B．只能读，不能写

C．既可以读，也可以写　　　　D．不能读，不能写

8．能对顺序文件进行输出操作的语句是（　　）。

A．Put　　　　B．Get　　　　C．Write　　　　D．Read

9．以下程序执行后，abc.DAT 文件的内容是（　　）。

```
Private Sub Form1_Click()
    Dim a As Integer,b As Integer,c As Integer
    Open "d:\ abc.DAT" For Output As #1
    a = 2
    b = 3
    c = a*b
    Write #1, a*b, b,c
    Close #1
End Sub
```

A．2, 3, 3　　　　B．6, 3, 5　　　　C．2, 5, 6　　　　D．无内容

10．设在工程中有一个标准模块，其中定义了如下记录类型

```
Type Books
    Name As String*10
    TelNum As String*20
End Type
```

在窗体上添加一个名为 Command1 的命令按钮，要求当单击 Command1 按钮时，在顺序文件 Person.txt 中写入一条记录。下列能够完成该操作的事件过程是（   ）。

A．Private Sub Command1_Click()

　　Dim B As Books

　　Open "c:\Person.txt" For Output As

　　#1

　　B.Name = InputBox("输入姓名")

　　B.TelNum = InputBox("输入电话号码")

　　Write #1, B.Name, B.TelNum

　　Close #1

End Sub

B．Private Sub Command1_Click()

　　Dim B As Books

　　Open "c:\Person.txt" For Input As #1

　　B.Name = InputBox("输入姓名")

　　B.TelNum = InputBox("输入电话号码")

　　Print #1, B.Name, B.TelNum

　　Close #1

End Sub

C．Private Sub Command1_Click()

　　Dim B As Books

　　Open "c:\Person.txt" For Output As #1

　　B.Name = InputBox("输入姓名")

　　B.TelNum = InputBox("输入电话号码")

　　Write #1, B

　　Close #1

　　End Sub

D．Private Sub Command1_Click()

　　Dim B As Books

　　Open "c:\Person.txt" For Input As #1

　　B.Name = InputBox("输入姓名")

　　B.TelNum = InputBox("输入电话号码")

　　Print #1, Name, TelNum

　　Close #1

　　End Sub

二、填空题

1．Visual Basic 提供的对数据文件的 3 种访问方式为随机访问方式、_____ 和二进制访问方式。

2．文件操作的一般步骤是打开（或建立）文件、进行读写操作和 _____。

3. 要在一个顺序文件的末尾增加数据，则该文件的打开方式应为_____。

4. Visual Basic 中，用于读写随机文件的语句分别是_____和_____。

5. 在 Visual Basic 中，用来返回用 Open 语句打开的文件的大小的函数是_____。

6. 当目录列表框的 Path 属性改变时，将触发_____事件；而当文件列表框的 Path 属性改变时，将触发的事件是_____。

7. 要使文件列表框 File1 中只显示扩展名为.rar 和.zip 的压缩文件，使用语句为

```
File1._____="*.rar;*.zip"
```

8. 以下程序的功能是把当前目录下的顺序文件 emp1.txt 的内容读入内存，并在文本框 Text1 中显示出来，请填空。

```
Private Sub Command1_Click( )
Dim name As String
Text1.Text =""
Open ".\emp1.txt" _____As #1
Do While _____
    Input #1, name
    Text1.Text = Text1.Text & name
Loop
Close #1
End Sub
```

项目 8

设计数据库应用程序

本项目是关于 Visual Basic 数据库程序的编写，主要包括数据库的创建及基本操作、SQL 语言的使用、Visual Basic 的 ADO 数据库访问技术的使用。

【学习目标】

1. 掌握关系数据库的基本操作。
2. 了解数据库的 SQL 结构化查询语言。
3. 掌握利用 ADO 数据库访问控件访问数据库的方法。
4. 掌握数据绑定控件的应用。

任务 1　创建数据库

一、任务分析

要设计数据库应用程序，首先必须创建一个数据库。创建数据库的方法有多种：可以利用专门的数据库开发系统创建，如 Access、Visual FoxPro、Sqlserver 等。下面我们利用 Access2003 来创建一个学生学业管理数据库。

二、相关知识

（一）数据库的概念

1. 数据与数据库

在计算机技术中，数据（Data）既是指数值、字母、文字或其他特殊符号，也包括声音、光、图形、图像和视频等多种形式。数据经过加工处理，并赋予一定意义后即可以形成信息。因此，数据是信息存在的一种表现形式，通过解释和处理才能具有更加明确的含义。

数据库（Data Base，简称 DB）是指存储在计算机存储介质上的、有一定组织形式的、可共享的、相互关联的数据集合。

2．关系数据库

关系数据库是采用关系模型来组织管理数据的，如表 8-1 所示一个关系就是一个二维表，一个关系数据库通常包含若干表。

表 8-1　学生基本信息表

学　号	姓　名	性　别	专　业	联 系 电 话	备　注
2011001	王姗姗	女	电气自动化	13305511234	
2011002	李明明	男	电气自动化	13905511256	
2011003	章小五	男	电气自动化	13505511278	
2011004	刘永生	男	电气自动化	13105517689	
…	…	…	…	…	…

3．数据表

关系数据库由一个或多个数据表组成，数据表是一组相关联的数据按行和列排列形成的二维表格，简称为表。每个数据表都有一个表名，一个数据库各个数据表之间可以存在某种关系。例如，表 8-1 是某学校的学生学业管理数据库文件所包含的一个数据表。

4．字段和记录

数据表中每一列称为一个字段（Field），字段名是它所对应表格中的数据项的名称，如表 8-1 中的"学号"、"姓名"等都是字段名。一个字段代表了一个记录（行）的一种属性。创建一个数据表时，要为每个字段确定数据类型、最大长度等字段属性。字段可以是普通的变量型（如 Text，Integer，Long 等），也可以是 Memo 和 Binary 类型。Memo 用来存放大段文本，Binary 用来存放二进制数据，如声音和图片等。

数据表中的每一行就是一条记录（Record），它是字段值的集合。如编号为"2011001"对应行中所有的数据即是一条记录。

5．主键

如果数据表中某字段值能唯一地确定一个记录，则称该字段名为候选关键字。一个表中可以存在多个候选关键字，选定其中一个候选关键字作为主关键字。如表 8-1 中每个记录"学号"的值是唯一的，可作为主关键字。

6．外键

如果数据表中某字段不是本表的主键，而是另外一个表的主键，该字段就被称为外键。通过主键和外键可以建立两数据表之间的关系，关系的类型有一对一、一对多和多对多 3 种。建立关系可以将多个表中的数据关联起来。

7．关系

"课程"表中的字段"课程编号"是主键，则在"选课"表中的字段"课程编号"是外键。如图 8-1 所示，"课程"表和"选课"表通过"课程编号"建立表之间的一对多关系，表示 1 门课被多名学生选修；"学生"表和"选课"表通过"学号"建立表之间的一对多关系，表示 1 名学生选修多门课程。

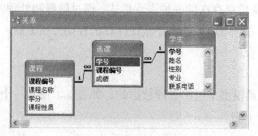

图 8-1　表之间的关系

三、任务实施

1. 单击"开始"菜单或桌面 ACCESS 快捷方式，启动 ACCESS 2003 数据库管理系统

选择"新建文件"命令，弹出如图 8-2 所示的窗口。

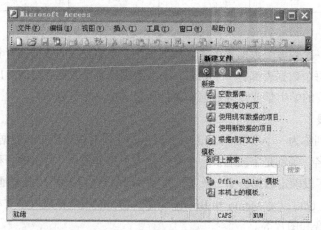

图 8-2　ACCESS 工作窗口

2. 创建数据库

选择"空数据库..."，在弹出的如图 8-3 所示的对话窗口，输入数据库文件名"学生学业管理.mdb"，单击"创建"按钮。

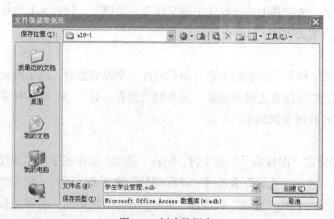

图 8-3　创建数据库

3．创建数据表

创建了数据库之后，就可以向数据库中添加数据表了。如图 8-4 所示在"学生学业管理.mdb"数据库中创建了"课程"、"选课"和"学生"表。表中的记录如图 8-5 所示。

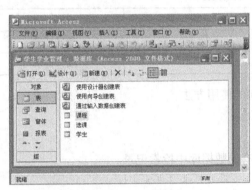

图 8-4　数据库中的表对象　　　　　　　图 8-5　表中的记录

4．建立表之间的关系

单击选择工具栏中的"关系"按钮，建立如图 8-1 所示表之间的关系。

【总结】

一个关系数据库由若干数据表组成，每个表又可分为记录行（rows）与字段列。各个表之间通过主键和外键建立关系。利用 ACCESS 2003 数据库管理系统可以方便地建立数据库。

四、随堂练习

创建一个员工管理数据库，向数据库中添加"部门"表和"员工"表，建立表之间的关系。

任务2　使用 SQL 语言操作数据库

一、任务分析

使用结构化查询语言 SQL 对"学生学业管理.mdb"数据库进行数据查询、数据插入、数据更新和删除数据等操作。

二、相关知识

结构化查询语言 SQL（Structured Query Language）是关系数据库的标准语言，它分为数据定义语言（DDL）、数据控制语言（DCL）、数据查询语言（DQL）和数据操纵语言（DML）等类型。数据查询语言（DQL）用以从表中查询（SELECT）数据，数据操纵语言（DML）用于添加（INSERT）、修改（UPDATE）和删除（DELETE）表中的记录。

SQL 语句以命令关键字和子句组成。例如，下面的语句可以从学生表中查询到所有电气自动化专业学生的记录。

```
Select * From 学生 where 专业='电气自动化'
```

如表 8-2 所示是常用的 SQL 语句的命令关键字。

表 8–2　常用 SQL 语句关键字

关　键　字	说　　明	关　键　字	说　　明
Select	查询记录	Delete	删除记录
Update	更新数据	Insert	插入记录

接下来分别介绍表 8-2 中列出的常用 SQL 语句的使用方法。

（一）Select 语句

1．语句的功能

Select 语句用来创建一个选择查询，用于从已有的数据库中检索记录。

2．语句的格式

```
Select <字段名表达式列表> From<数据表名>
[Where <查询条件>]
[Order by<字段[ASC/DESC]列表>]
[Group by<字段列表>][ Having<条件表达式>]
```

其中：

（1）"字段名表达式列表"列出想要获得的字段名，字段名之间用逗号隔开。如果从多个不同的表取得字段，字段前要注明数据表，例如：学生.学号。如果要列出表中所有字段，可用"*"代替，例如：Select * 。

例如，从"学生"表中检索出张红同学的记录，SQL 语句为：

```
Select 学号，姓名，专业 From学生 Where 姓名="张红"
```

（2）"数据表名"指出使用的数据表名。如果在多个数据表中查询，所有的表都要列出，表名之间用逗号分隔。

3．查询条件

Where 子句是用条件表达式或逻辑表达式构造出查询条件。如果查询要选择所有记录则可以省略 Where 短语。如果查询要涉及多个表，则可以在 Where 子句中放置连接条件表达式。

例如，从"选课"表和"学生"表中查询张红同学的选课记录，SQL 语句为：

Select　学生.学号，学生.姓名，课程编号,成绩 From 选课,学生 where　选课.学号=学生.学号 and 学生.姓名="张红"

4．排序输出

若有 Order by 子句，SELECT 语句的查询结果表中各记录将排序输出，首先按第一个<字段名>值排序，前一个<字段名>值相同者，再按下一个<字段名>值排序，以此类推。若某列名后有 DESC，则以该列名值排序时为降序排列，否则，为升序排列。

5．分组

若有 Group by 子句，查询所得记录将根据 Group by 中<字段列表>进行分组。在这些字段上的对应值都相同的记录分在同一组，若有 Having 子句，只输出符合条件的组。一般地，当 Select <字段名表达式列表>中有聚集函数(AVG、SUM、 COUNT 等)时，才使用 GROUP 子句。常用的聚集函数如表 8-3 所示。

表 8-3 常用的聚集函数

函　数	说　　明
AVG	返回指定字段的平均值
COUNT	返回选定记录的个数
SUM	返回指定字段的总和值
MAX	返回指定字段的最大值
MIN	返回指定字段的最小值

例如，从"选课"表中查询学生的各科平均成绩，SQL 语句为：

```
Select 学号,AVG（成绩）From 选课 Group by 学号
```

例如，从"选课"表中查询各科平均成绩大于 85 分的学生，SQL 语句为：

```
Select 学号,AVG(成绩) From 选课 Group by 学号 Having AVG(成绩)>85
```

Having 子句与 Where 子句的区别是 Having 子句是对各个分组的数据进行筛选，而 Where 子句是对整个数据表进行筛选。

例如，从"选课"表和"学生"表中查询各科平均成绩大于 85 分的男学生，SQL 语句为：

```
Select 学生.学号,学生.姓名,AVG(成绩) From 选课,学生 where  选课.学号=学生.学号 and 学生.性别="男" Group by 学号 Having AVG(成绩)>85
```

（二）Update 语句

（1）语句功能。

Update 语句用来创建一个更新查询，按照指定条件修改表中的字段值。

（2）语句格式：

```
Update <表名> Set <字段 1>=<表达式>[,<字段 2>=<表达式>,…] [Where<条件>]
```

本语句把指定<表名>内，符合<条件>记录中指定<字段>的值更新为该<字段>后<表达式>的值。

例如，要更新"学生"表中学号为"2011004"的记录，其专业改为"会计"，SQL 语句为：

```
Update 学生 Set 专业='会计' Where 学号='2011004'
```

（三）Delete 语句

（1）语句功能。

Delete 语句可以创建一个删除查询，用来按照指定条件删除表中的记录。

（2）语句格式：

```
DELETE<表名>[WHERE<条件>]
```

本语句将在指定<表名>中删除所有符合<条件>的记录。

例如，从数据表中删除张红的记录，SQL 语句为：

```
Delete From 学生 Where 姓名='张红'
```

（四）Insert 语句

Insert 语句可以建立一个添加查询，向数据表中添加一个或多个记录，有两种基本格式。

（1）语句格式一：

```
Insert Into <表名> (<字段1> [,<字段2>…] )Values( <常量1> [,<常量2>…] )
```

其中：常量 1、常量 2 等表达式的顺序位置与字段 1、字段 2 的顺序对应一致。用此命令可插入一个记录，并对字段赋值。

例如，向数据表中加入一条新的记录。

```
Insert Into 学生（学号,姓名,专业）
Values ('2011021, '王华', '核电')
```

（2）语句格式二：

```
Insert Into <目标表名> Select <字段1>[,<字段2>…] From <源表名>
```

【说明】

其中目标表和源表的结构应当相同，或者与源数据表列出的字段集相同。用此命令可以从其他数据表中将记录批量地加入到目标数据表。

三、任务实施

1. 浏览学生的基本情况

```
Select * From 学生
```

2. 浏览学生的课程成绩

```
Select 学生.学号,性别,姓名,专业,课程名称,成绩
From 学生,选课,课程
where 学生.学号=选课.学号 and 课程.课程编号=选课.课程编号
```

【总结】

在 SQL 语句中，有语法格式："Select 字段名 From 表名 Where 查询条件"，Select 后面可以使用通配符"*"表示选择所有字段。所以语句"Select * From 学生"表示要查询的表名是"学生"表，"*"指"学生"表中的所有字段。语句"Select 学生.学号,性别,姓名,专业,课程名称,成绩 From 学生,选课,课程 where 学生.学号=选课.学号 and 课程.课程编号=选课.课程编号"，表示要查询的表名是"学生"、"选课"和"课程"3 个表，要查询的字段是 Select 子句后列出的所有字段，查询条件是 3 个表两两相连的连接条件。

四、随堂练习

1. 编写 SQL 命令，浏览员工基本情况。

2. 编写 SQL 命令，查询指定部门的员工情况。

任务 3　使用 ADO 控件访问数据库

ADO（Active Data ObjectS）数据访问技术是 Microsoft 公司在 VB 6.0 中最新推出的数据访问策略。在 VB 6.0 中，ADO 是连接应用程序和 OLE DB 数据源之间的一座桥梁，OLE DB 是 Microsoft 推出的一种数据访问模式。

ADO 实质上是一种提供访问各种数据类型的连接机制，它通过其内部的属性和方法提供统一的数据访问接口。适用于 ACCESS、SQL SERVER 等关系数据库和 EXCEL 表格、文本文件等数据文件。

在 VB 6.0 中提供了一个应用 ADO（Active Data ObjectS）数据访问技术的图形控件 ADO Data Control，使用 ADO Data Control 可以实现数据库访问。

一、任务分析

编写一个简单的数据库应用程序，使用 ADO 数据控件访问"学生学业管理.mdb"数据库，在窗体上浏览"学生"表的内容。

二、相关知识

使用 ADO 数据控件访问数据库，通常需要经过以下步骤：

（1）在窗体上添加 ADO 数据控件；

（2）使用 ADO 连接对象建立与数据提供者之间的连接；

（3）使用 ADO 命令对象操作数据源，并将操作产生的记录集存放在内存中；

（4）建立记录集与数据绑定控件的关联，在 VB 窗体上显示数据；

若要在 VB 中使用 ADO 对象，必须在工程中添加对 ADO 对象的引用。

三、任务实施

1. 添加 ADO 与 DataGrid 控件到工具箱

单击菜单"工程"→"部件"，打开如图 8-6 所示的"部件"对话框，选择所需的控件并单击"确定"按钮。

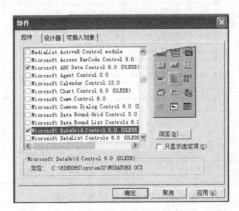

图 8-6　添加 ADO 与 DataGrid 控件到工具箱

2．添加 ADO 与 DataGrid 控件对象到窗体上

如图 8-7 所示，ADO 控件对象的默认名为 Adodc1。

3．数据源的连接

ADO 控件对象有一个连接字符串属性，可用于连接到计算机中的某个数据源。

（1）数据源连接方式的选择。

右键单击窗体中的 ADO 控件对象 Adodc1，在快捷菜单中选择"ADODC 属性"命令，打开"属性页"对话框，如图 8-8 所示。数据源有 3 种连接方式，我们选择使用连接字符串"Use Connection String"。

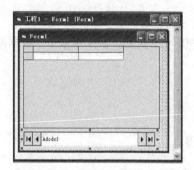

图 8-7　窗体上的 ADO 与 DataGrid 控件对象

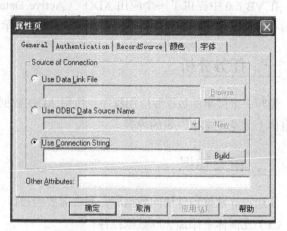

图 8-8　ADO "属性页"对话框

（2）数据库类型的选择。

单击生成按钮"Build"，打开"数据链接属性"对话框，如图 8-9 所示。选择"提供程序"选项卡，选择数据源提供者名称。VB 可以提供多种数据库的连接，对于 Access 数据库，应该选择"Microsoft Jet 4.0 OLE DB Provider"。

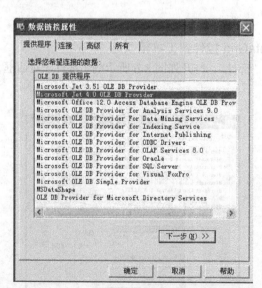

图 8-9　"数据链接属性"对话框

（3）数据库文件名的指定。

单击"下一步"按钮或选择"连接"选项卡，出现如图 8-10 所示的对话框，指定数据库文件名。单击"测试连接"按钮，如果测试成功则单击"确定"按钮关闭该对话框，返回如图 8-8 所示的"属性页"对话框。

提示：如果 VB 程序与数据库文件保存在同一文件夹中，则可以将图 8-10 中数据库文件名前的文件路径删除，即用相对路径引用数据库文件，这样无论当程序和数据库复制到任何位置都能够正确连接该数据库。

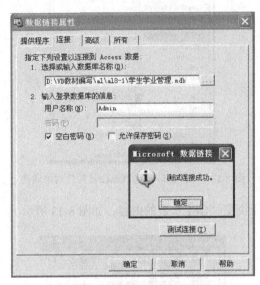

图 8-10　指定数据库文件名

（4）记录源的指定。

选择"记录源"选项卡，出现如图 8-11 所示的对话框，其中"命令类型"下拉列表框用于选择获取记录源的命令类型，如果类型为 2-adCmdTable 或 4-adCmdstoredProc，则 VB 自动在已连接的数据源中检索所有的表或查询对象，列在表或存储过程名称"Table or Stored Procedure Name"下拉列表框中。我们将命令类型设为 2-adCmdTable，并选择"学生"表作为创建命令对象的表，如图 8-11 所示。

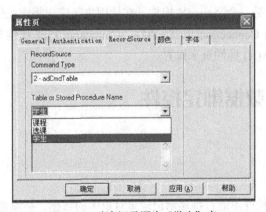

图 8-11　选定记录源为"学生"表

（5）单击"确定"按钮，关闭"属性页"对话框。

4．利用 DataGrid 控件对象显示数据

打开属性窗口如图 8-12 所示，设置设定 DataGrid 控件对象的 DataSource 属性值为 Adodc1，将网格绑定到产生的记录集。

图 8-12　属性窗口设定 DataGrid 控件对象属性

运行程序即可在窗体上浏览"学生"表的内容，如图 8-13 所示。

图 8-13　浏览"学生"表

【总结】

由于 ADO 数据控件是一个 ActiveX 控件，在使用之前应先将该控件添加到工具箱中。ADO 数据控件的主要属性包括 Connection String 属性、Command Type 属性和 RecordSource 属性，通常用可视化的方法通过 ADO 属性页来设置。

任务 4　使用数据绑定控件

一、任务分析

在 VB 中 ADO 数据控件不能直接显示记录集对象中的数据，必须通过数据绑定控件来实现。编写一个简单的数据库应用程序，在窗体上浏览学生的成绩情况。

二、相关知识

（一）ADO 数据控件访问数据库

从上述任务的实施可见，VB6.0 应用程序访问数据库的过程是首先利用 ADO 数据控件建立与数据库的连接，其次命令对象从数据库中选择数据构成记录集，最后应用程序对记录集进行操作。记录集表示的是内存中来自基本表或命令执行结果的集合，可以把记录集当作一个数据表一样来操作。

使用 ADO 数据控件与数据库的连接从数据库中获取记录集，其核心就是设置 ADO 数据控件的以下 3 个属性。

1. Connection String 属性

Connection String 属性是一个字符串，包含了建立数据库连接的相关信息，典型的 Connection String 属性值如下所示：

```
Provider=Microsoft.Jet.OLEDB.4.0;DataSource=学生学业管理.mdb;
```

其中，Provider 指定连接提供程序的名称；DataSource 指定要连接的数据源文件。

2. Command Type 属性

Command Type 属性用于指定获取记录源的命令类型，其可选值如表 8-4 所示。

表 8-4　Command Type 属性

取　　值	说　　明
8-AdCmdUnknown	CommandText 属性中命令类型未知，RecordSource 通常设置为 SQL 语句
1-AdCmdText	RecordSource 设置为命令文本，通过 SQL 命令建立数据源
2-AdCmdTable	RecordSource 设置为单个表名
4-AdCmdStoredProc	RecordSource 设置为存储过程名

3. RecordSource 属性

RecordSource 属性确定与 ADO 连接的数据库中的记录源，其值可以是单个表名，也可以是一个 SQL 语言的 SELECT 命令。

例如，RecordSource="学生"，　RecordSource 属性为单个表名。

RecordSource=" Select ＊ From 学生 where 专业='电气自动化'"，RecordSource 属性为一个 SELECT 命令。

（二）数据绑定控件

数据绑定控件是指任何具有 DataSource 属性的控件，数据绑定的过程是指在程序运行时绑定控件自动连接到 ADO 数据控件生成的记录集中的某字段，从而使得绑定控件与记录集数据之间自动同步，即让数据库表中的记录数据在绑定控件中显示，并随着记录指针的移动而相应变化。

VB 中常用的简单数据绑定控件有 TextBox、ListBox、ComboBox、CheckBox 等，其主要属性是 DataSource 和 DataField。要使绑定控件能够自动连接到记录集的某个字段，必须在设计或运行时对控件的上述属性进行设置。

1. DataSource 属性

DataSource 用于定义数据绑定控件的数据源控件，通常指定一个有效的 ADO 数据控件将绑定控件连接到数据源。

例如，将文本框 Text1 的 DataSource 属性设置为 Adodc1，使 Text1 通过 Adodc1 与数据源连接。

2. DataField 属性

DataField 用于定义数据绑定控件中显示的数据字段，通常指定一个记录集中的字段名。

例如，将文本框 Text1 的 DataField 属性设置为记录集的某个字段，使 Text1 显示该字段的值。

简单数据绑定控件将控件绑定到单个数据字段，每个控件显示记录集中的一个字段值。而 VB 中的复杂数据绑定控件则允许将多个数据字段绑定到一个控件，同时显示记录集中的多行和多列，复杂数据绑定控件包括数据网格控件 DataGrid、数据列表框控件 DataList 和数据组合框 DataCombo 等。

设置 DataGrid 控件的 DataSource 属性为一个 ADO 数据控件，网格被数据源自动填充，网格的列标题显示记录集内对应的字段名。

DataList 控件和 DataCombo 控件所在的部件名为"Microsoft DataList Controls （OLEDB）"。二者与列表框（ListBox）和组合框（ComboBox）相似，所不同的是，这两个控件不是用 AddItem 方法来填充列表项，而是由这两个控件所绑定的数据字段自动填充，而且还可以有选择地将一个选定的字段传递给第二个数据控件。

DataList 控件和 DataCombo 控件的常用属性有如下几项。

DataSource：设置所绑定的数据控件。

DataField：由 DataSource 属性所指定用于更新记录集的字段，是控件所绑定的字段。

RowSource：设置用于填充下拉列表的数据控件。

ListField：表示 RowSource 属性所指定的记录集中用于填充下拉列表的字段。

BoundColumn：表示 RowSource 属性所指定的记录集中的一个字段，在下拉列表中选择回传到 DataField，必须与用于更新列表的 DataField 的类型相同。

BoundText：BoundColumn 字段的文本值。

三、任务实施

方法一：使用文本框简单数据绑定控件来浏览学生的成绩信息。

1. 界面设计

在窗体上添加 6 个标签、4 个文本框、2 个组合框和 1 个 ADO 数据控件 Adodc1，标签控件的标题分别为姓名、性别、学号、成绩、专业和课名，如图 8-14 所示。

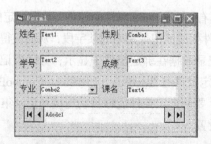

图 8-14　在窗体上添加控件

2．建立连接

（1）参照任务 3，完成 ADO 数据控件与数据库的连接设置，如图 8-8、图 8-9 和图 8-10 所示。

（2）记录源的指定。

在"属性页"对话框中，选择记录源"Record Source"选项卡，在命令类型"Command Type"下拉列表框选择获取记录源的命令类型为 1-adCmdText，如图 8-15 所示。

图 8-15　记录源的指定

上述建立连接操作完成后，在 Adodc1 的属性窗口可见其 3 个属性已经设置如表 8-5 所示相关参数。

表 8-5　数据连接属性值

属　　性	取　　值	说　　明
Connection String	Provider=Microsoft.Jet.OLEDB.4.0;Data　Source=D:\VB 教材编写\al\al8-2\学生学业管理.mdb; Persist Security Info=False	数据连接提供者 连接到"学生学业管理.mdb" 对数据库的管理不使用安全信息
Command Type	1-AdCmdText	通过 SQL 命令建立数据源
RecordSource	Select　学生.学号,性别,姓名,专业,课程名称,成绩 From　学生,选课,课程 where　学生.学号=选课.学号　and　课程.课程编号=选课.课程编号	用 SQL 命令构成记录集

3．数据绑定

（1）将 4 个文本框控件 Text1～Text4 的 DataSource 属性设置为 Adodc1。单击这些文本框控件的 DataField 属性上的"▼"按钮，在下拉列表中选择要绑定的字段，如图 8-16 所示。

（2）按照与上述文本框数据绑定相同的方法，完成组合框的绑定操作。

如果要控制绑定控件数据显示格式，可以对绑定控件的 DataFormat 属性进行设置，如数值的小数位、日期格式等。

4．运行程序浏览学生的成绩信息

如图 8-17 所示，运行程序后，可以单击 Adodc1 上的 4 个箭头按钮浏览整个记录集。

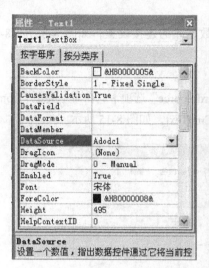 

图 8-16　通过 Adodc1 连接记录源提供的字段

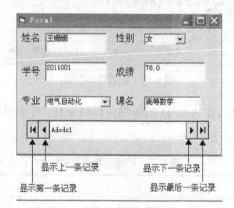

图 8-17　运行界面

方法二：使用数据网格复杂数据绑定控件浏览学生的成绩信息。

1．界面设计

在窗体上添加 1 个 DataGrid 数据网格控件 DataGrid1 和 1 个 Adodc 数据控件 Adodc1，将 DataGrid1 调整适当大小并设其标题为"学生成绩情况表"，如图 8-18 所示。

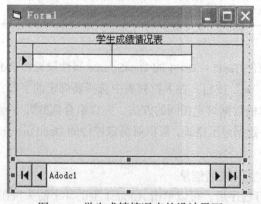

图 8-18　学生成绩情况表的设计界面

2．建立连接和产生记录集

（1）同方法一设置 Adodc1 的 Connection String 属性为"Provider=Microsoft.Jet.OLEDB.4.0; Data Source=学生学业管理.mdb;"并测试连接成功。

（2）设置记录源。

在"属性页"对话框中，选择"记录源"选项卡，在"命令类型"下拉列表框选择获取记录源的命令类型为 8-AdCmdUnknown，在"命令文本（SQL）"列表框中输入"Select 学生.学号,姓名,性别,专业,课程名称,成绩 From 学生,选课,课程 where 学生.学号=选课.学号 and 课程.课程编号=选课.课程编号"。

3．数据绑定

将 DataGrid1 的 DataSource 属性设置为 Adodc1。

4．运行程序浏览学生的成绩信息

如图 8-19 所示，运行程序后，单击 Adodc1 上的 4 个箭头按钮定位当前记录，单击水平滚动条和垂直滚动条可以浏览整个记录集。

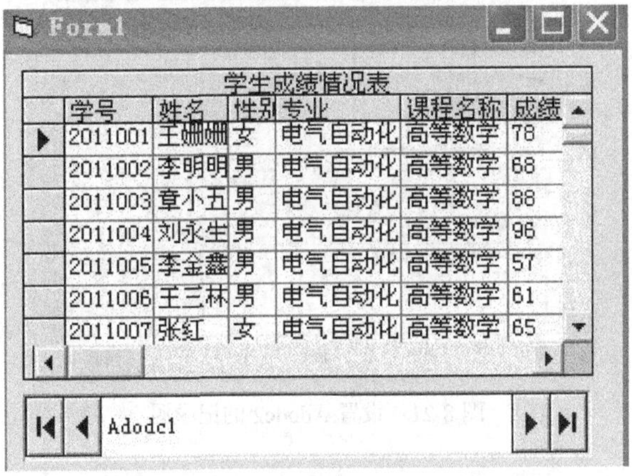

图 8-19　学生成绩情况表的运行界面

方法三：使用 DataCombo 数据组合框和 DataGrid 数据网格控件，绑定数据浏览指定课程的学生成绩信息，当在数据组合框控件中选定一个课程时，在数据网格控件中将显示该课程对应的成绩信息。

1．界面设计

在窗体上添加 1 个标签、1 个 DataCombo 数据组合框 DataCombo1、1 个 DataGrid 数据网格控件 DataGrid1 和 2 个 Adodc 数据控件 Adodc1 和 Adodc2,标签控件的标题为课程名称,如图 8-20所示。

注意：Adodc 控件、DataCombo 控件和 DataGrid 控件都是 ActiveX 控件，必须执行菜单 "工程"→"部件"命令，在打开"部件"对话框中，选择所需的控件使之添加到工具箱中。

2．建立连接和产生记录集

（1）分别设置 Adodc1 和 Adodc2 的 Connection String 属性均为"Provider=Microsoft.Jet.OLEDB.4.0;Data Source=学生学业管理.mdb;"并测试连接成功。

（2）设置 Adodc1 的记录源，如图 8-20 所示。

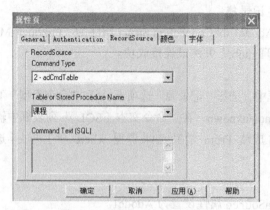

图 8-20　设置 Adodc1 的记录源

（3）设置 Adodc2 的记录源，如图 8-21 所示。

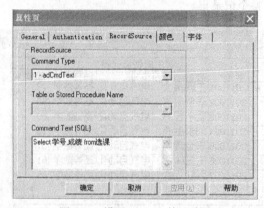

图 8-21　设置 Adodc2 的记录源

3．数据绑定

（1）为了用 Adodc1 获取的课程名填充组合框 DataCombo1，应在属性窗口将 DataCombo1 的 RowSource 属性设置为 Adodc1，ListField 属性设置为课程名称，BoundColumn 属性设置为课程编号，Text 属性设置为选择课程。

（2）DataGrid1 的 DataSource 属性设置为 Adodc2。在 DataGrid1 控件上单击右键，在快捷菜单中选择"检索字段"命令，则记录集中的所有字段名学号和成绩都将在 DataGrid1 的列标题中显示；在快捷菜单中选择"编辑"命令，就可以对列宽进行调整，如图 8-22 所示。

图 8-22　窗体设计效果

至此，运行程序后，组合框的下拉列表中为开设的所有课程名称，数据网格显示的是所有课程的学生成绩。

4．编写代码实现组合框 DataCombo1 和 DataGrid1 数据联动

要使得 DataGrid1 只显示所选课程的成绩，需要编写代码，运行时根据组合框 DataCombo1 所选课程的课程编号进行记录集的筛选，代码放置在 DataCombo1 的 Change 事件中，如图 8-23 所示。

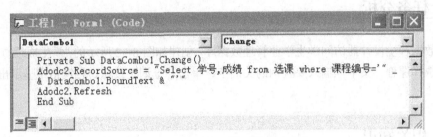

图 8-23　编写代码实现数据集动态变化

注意：DataCombo1.BoundText 的值作为字符型常量连接到命令文本中。

运行程序后，在组合框中指定一个课程名称，则数据网格显示的是该课程的学生成绩，如图 8-24 所示。

【总结】

TextBox、ListBox、ComboBox、CheckBox 等数据绑定控件，在设计或运行时设置其 DataSource 和 DataField 属性值，使绑定控件能够自动连接到记录集的某个字段。DataGrid 、DataList 和 DataCombo 数据绑定控件都是 ActiveX 控件，在使用之前应先将该控件添加到工具箱中。DataGrid 数据绑定控件可同时显示整个数据表格，实现数据的二维显示和操作。

图 8-24　按课程查询成绩的运行界面

四、随堂练习

1．利用 TEXT 文本框控件浏览员工基本情况。

2．利用 DataGrid 数据网格控件浏览员工基本情况。

3．利用 DataCombo 组合框控件和 DataGrid 数据网格控件按部门浏览员工基本情况。

任务5 设计访问数据窗体

数据环境设计器为数据库应用程序的开发提供了一个交互式的、在设计时使用的环境，能够可视化地创建和修改窗体和报表的数据环境，为建立连接和定义命令提供了很好的图形接口。

一、任务分析

利用数据环境设计器访问学生学业管理数据库。创建如图 8-32 所示的"学生成绩查询"窗体，用组合框选择课程，文本框输入要查询的关键字，单击"查询"按钮，在网格中显示出符合条件的记录。

二、相关知识

数据环境设计器是 Visual Basic 6.0 中新增加的数据处理工具。使用这一工具创建数据环境对象后，就可以直接利用 ADO 通过 OLE DB 接口访问数据库中的数据。数据环境设计器为用户提供了可视化的交互方式，方便直观地为 ADO 创建 Connection 和 Command 对象，设置 Connection 和 Command 对象的属性值、编写代码响应 ADO 事件、执行 Command、创建合计和层次结构。还可以将 DataEnvironment 对象拖动到窗体或报表中来创建数据绑定控件。

使用数据环境设计器，可以完成下面的工作。

（1）添加一个数据环境设计器到一个 Visual Basic 工程中。

（2）创建 Connection 对象。

（3）基于存储过程、表、视图和 SQL 语句等创建 Command 对象。

（4）基于 Command 对象的一个分组，或通过与一个或多个 Command 对象相关来创建 Command 的层次结构。

（5）为 Connection 和 Recordset 对象编写和运行代码。

（6）从数据环境设计器中拖动一个 Command 对象中的字段到一个 Visual Basic 窗体或数据报表设计器。

三、任务实施

1. 在工程中添加数据环境设计器

新建工程，单击菜单"工程"→"添加 Data Environment"，在工程中添加数据环境设计器，弹出如图 8-25 所示的工程资源管理器窗口。

2. 创建连接

双击 DataEnvironment1，打开如图 8-25 所示的数据环境设计器窗口，右击 Data Environment1 下的连接对象 Connection1，从快捷菜单中选择"属性"，打开如图 8-26 所示的数据链接属性对话窗口，可对连接对象 Connection1 数据连接属性设置。数据环境中的 Connection 对象用于管理到数据库的连接，在 Data Environment 设计器中设置一个 Connection 对象的属性与设置 ADO Data

控件的 ConnectingString 属性方法相同。数据连接属性设置如图 8-26 所示。单击"测试连接"按钮，如果测试连接成功则建立了连接。

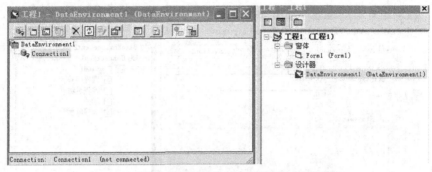

图 8-25　数据环境设计器窗口和工程资源管理器窗口

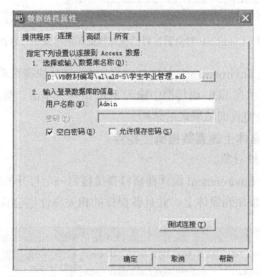

图 8-26　数据连接属性设置

在工程管理器窗口右键单击设计器，在快捷菜单中选择"添加"→"Data Environment" 在工程中添加 Data Environment 2，同 Data Environment1 一样创建连接。

3．定义命令

（1）添加命令对象。

右击 Data Environment1 下的连接对象 Connection1，从快捷菜单中选择"添加命令"，即在连接对象 Connection1 下添加一个命令对象 Command1。

右击 Data Environment2 下的连接对象 Connection2，从快捷菜单中选择"添加命令"，即在连接对象 Connection2 下添加一个命令对象 Command2。

（2）设置命令对象属性。

用鼠标右键单击 Data Environment2 中的 Command1，选择快捷菜单中的"属性…"，打开其属性对话框，如图 8-27 所示。

在数据库对象下拉列表中选择表"Table"，在对象名称"Object"下拉列表框中选择"课程"。单击"确定"按钮后，在数据环境设置器中就可看到"课程"表的结构，如图 8-27 所示。

如果在数据源中选择 SQL 查询作为数据源，则单击"SQL 生成器"启动查询设计器，用可视化的方法设计 SQL 语句，也可以直接在 SQL 语句框中输入 SQL 语句。

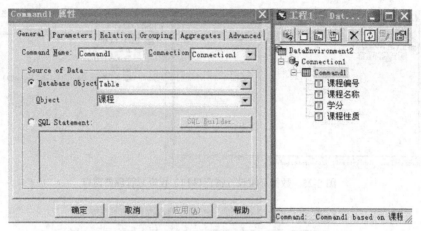

图 8-27　Command 对象属性对话框和数据环境"课程"表的结构

用鼠标右键单击 Data Environment1 中的 Command1，选择快捷菜单中的"属性…"，打开其属性对话框，如图 8-28 所示在 SQL 语句框中输入 SQL 语句，单击"确定"按钮后，在数据环境设置器中就可看到 SQL 语句查询结果集的结构。

4．使用数据环境在窗体上放置数据绑定控件

（1）添加 DataGrid 控件对象。

把 Command1 从 Data Environment 设计器窗口直接拖到一个打开的窗体中，则 Command1 中定义的所有字段都会自动添加到窗体上，并且各控件的相关属性也会自动设置.。

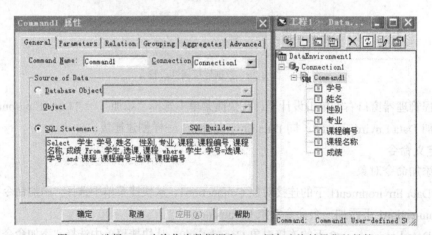

图 8-28　选择 SQL 查询作为数据源和 SQL 语句查询结果集的结构

拖动一个字段：从图 8-28 所示的数据环境设计器中拖动字段对象（如学号）到窗体中，则在窗体中将自动创建一个 TextBox 控件，该控件的 DataSouce、DataMember 以及 DataField 属性将自动设置成与字段学号连接。

拖动所有字段：从数据环境设计器中拖动 Command1 命令对象到窗体中，则在窗体中自动创建 6 个 TextBox 控件，该控件的 DataSouce、DataMember 以及 DataField 属性将自动设置成与中数

据源的 6 个字段连接。

拖动建立数据表格：从数据环境设计器中用鼠标右键拖动 Commnad1 对象到窗体中，在弹出的快捷菜单中选择"数据网格"，则在窗体中自动创建一个 DataGrid 控件，如图 8-29 所示。该控件的 DataSouce、DataMember 属性自动设置成与数据源连接。

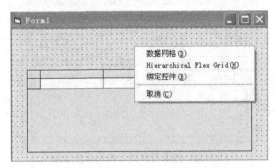

图 8-29 使用数据环境在窗体上放置数据网格控件

（2）添加 DataCombo 控件对象

从工具箱拖动一个 DataCombo 控件到窗体中，在属性窗口设置属性，将其 RowSource 属性设置为 DataEnvironment2，RowMember 属性设置为 Command1,ListField 属性设置为课程名称，BoundColumn 属性设置为课程编号，Text 属性设置为空。

5. 在窗体中添加 2 个标签、1 个文本框和 1 个命令按钮，设置控件的属性、调整控件的大小和位置

通过对数据网格字段布局进行编辑，在网格上绑定部分字段，得到如图 8-30 所示窗体布局。

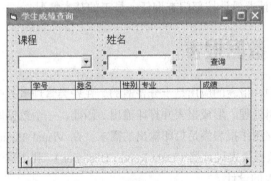

图 8-30 窗体的设计效果

6. 编写事件代码

为了实现在网格中显示出符合条件的记录，编写"查询"按钮的单击事件代码如图 8-31 所示。

图 8-31 "查询"按钮 Command1 的单击事件代码

7．运行程序

运行程序，如果选择课程"电力电子"，在文本框输入"李"，单击"查询"按钮，则运行结果如图 8-32 所示。

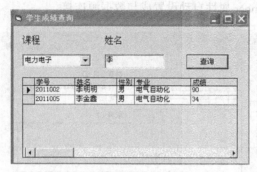

图 8-32　按课程和姓名查询学生成绩

【总结】

利用数据环境设计器，用户能够以可视化交互方式，为 ADO 创建 Connection 和 Command 对象，设置 Connection 和 Command 对象的属性值、编写代码响应 ADO 事件等。可以将 DataEnvironment 对象直接拖曳到窗体或报表中来创建数据绑定控件。

四、随堂练习

1．利用数据环境设计器设计浏览员工信息的窗体。

2．利用数据环境设计器设计按部门查询任一员工的基本情况。

任务6　设计数据报表

在企事业日常工作中，报表的应用是十分普遍的。在各类管理事务中，通常都要对各种信息数据进行采集整理、编辑处理、形成报表并打印输出。因此，一个数据库应用程序除了有窗体实现人机交互，还应该能够制作报表满足打印输出的需求。在 Visual Basic 中就提供了一款优秀的数据报表设计工具——数据报表设计器（Data Report Designer）。利用这个数据报表设计器，我们可以十分方便地完成报表的设计。

一、任务分析

利用数据环境设计器和数据报表设计器制作学生成绩汇总报表。

二、相关知识

（一）数据报表设计器的添加

（1）数据报表设计器属于 ActiveX Designer 组中的一个成员，使用前需选择菜单"工程"→

"添加 Data Report"命令。

（2）在工程菜单中选择"添加 Data Report"，即可在工程中添加一个 DataReport 对象，并同时打开数据报表设计器，如图 8-33 所示。

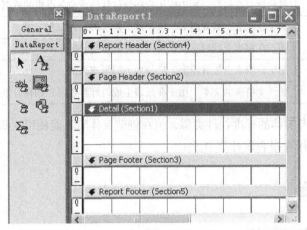

图 8-33　数据报表设计器

（二）数据报表设计器的构成

如图 8-33 所示，数据报表设计器由 DataReport 对象、Section 对象和 Data Report 控件 3 部分组成。

1．DataReport 对象

DataReport 对象与 Visual Basic 窗体类似，同时具有一个可视的设计器和一个代码模块。可以使用设计器创建报表的布局，也可以向设计器的代码模块添加代码，可以采用编程方式调整设计器中包含的控件或部分格式。

2．Section 对象

数据报表设计器的每一部分由 Section 对象表示。设计时，每一个 Section 对象由一个窗格表示，可以单击窗格以选择"页标头"，也可以在窗格中放置和定位控件。还可以在程序中，对 Section 对象及其属性进行动态配置。

① 报表标头区：包含显示在一个报表最开头的信息，如报表标题、作者或数据库名等。一个报表最多只能有一个报表标头，而且出现在数据报表的最上面。

② 页标头区：设置将在报表每一页顶部出现的信息，如报表的标题、页数和时间等。

③ 分组标头/脚注区：用于分组的重复部分，每一个分组标头与一个分组注脚相匹配。

④ 细节区：包含指报表的具体数据，其高度决定报表数据的行高。当报表运行时，细节区随每条记录重复输出显示，它与数据环境中最底层的 Command 对象相关联。

⑤ 页注脚区：包含每一页底部出现的信息，如页码、时间等。

⑥ 报表注脚区：包含整个报表尾部的信息，如摘要信息、一个地址或制表人姓名等。一个报表最多只能有一个报表注脚，而且出现在数据报表的最后面。

3．Data Report 控件对象

在工程中添加了一个数据报表设计器以后，Visual Basic 将自动创建一个名为"数据报表"的工具箱，工具箱中 6 个控件的功能，如表 8-6 所示。

表 8-6　Data Report 工具箱中的控件及其功能

函　　数	说　　明
RptLabel	用于在报表上放置标签、标识字段或 Section
RptTextBox	显示所有在运行过程中应用程序通过代码或命令提供的数据
RptImage	用于在报表上放置图形，该控件不能被绑定到数据字段
RptLine	用于在报表上绘制直线，可用于进一步区分 Section
RptShape	用于在报表上放置矩形、三角形、圆形或椭圆
RptFunction	是一个特殊的文本，用于在报表生成时计算数值，如在分组数据的合计等

尽管这 6 个控件与窗体的标准控件类似，但在创建窗体时不能使用这些控件，同样也不能将窗体设计器中的控件用在报表设计器中。

三、任务实施

1．在工程中添加数据报表

单击菜单"工程"→"添加 Data Report"命令，将 Data Report1 对象加入工程中。

2．将报表绑定到数据源

在工程资源管理器窗口右键单击 Data Report1，在快捷菜单中选择打开属性窗口，在属性窗口中设置 Data Report1 的 DataSouce 属性为 Data Environment1、DataMember 属性为 Command1。

3．在报表中添加绑定控件

从数据环境设计器中，依次将 Command1 对象的学号、姓名、课程名称、成绩字段拖放到细节区域内，然后将其中的字段标题拖放到页标头区，调整各对象的大小、位置，将页标头区、细节中的标签和文本框对齐，分别设置各标签及文本框的字体大小等，为了美观，还可以在细节区中添加一条直线如图 8-34 所示。

图 8-34　设计"学生成绩表"报表

4．在报表中添加其他控件

在报表标头区，添加一个 RptLabel 控件，将其 Caption 属性设置为"学生成绩表"，如图 8-34 所示。

5．预览和打印报表

将报表设为启动对象，运行程序可以预览报表；或在窗体上添加一个该"预览报表"命令按钮，并在其 Click 事件中输入："PrintReport1.show"，运行时单击该命令按钮即可如图 8-35 所示预览报表。

图 8-35　预览"学生成绩表"报表

打印一个数据报表有两种方法，一种方法是在预览数据报表时单击"打印"按钮，另一种方法则是在程序中调用 PrintReport 方法打印报表。

在程序中使用代码打印数据报表时，既可以在显示打印对话框后打印报表，也可以不显示打印对话框而直接打印报表。使用 PrintReport 方法的格式为：

对象.PrintReport

例如，在窗体上添加一个"打印报表"命令按钮，并在其 Click 事件中输入："PrintReport1.PrintReport True"。

在运行时单击此按钮，就会出现打印对话框。在打印对话框中用户可以选择打印机、打印到文件、要打印的页面范围和指定要打印的份数等。

【总结】

数据报表设计涉及 DataReport 对象、Section 对象和 Data Report 控件。数据报表设计过程包括在工程中添加数据报表、将报表绑定到数据源、在报表中添加绑定控件、在报表中添加其他控件和预览与打印报表。

四、随堂练习

利用报表设计器设计员工信息报表。

项目实训

1. 建立旅游管理数据库，库文件"旅游管理.mdb"中包含导游信息表和线路信息表，如图 8-36 所示。

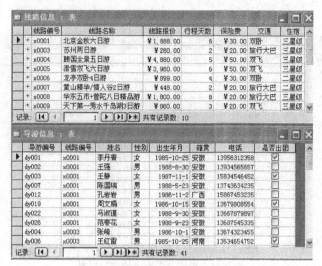

图 8-36　线路信息表和导游信息表

2. 利用 ADO 控件编写旅游管理程序（数据库为图 8-36 所示建立的"旅游管理.mdb"）。程序包含窗体和报表，其中窗体具有浏览和编辑线路和导游信息，报表可以输出线路报价表。

项目练习

一、选择题

1. 下面说法错误的是（　　　）。

　A. 一个表可以构成一个数据库

　B. 多个表可以构成一个数据库

　C. 表中的每一条记录中的各数据项具有相同的类型

　D. 同一个字段的数据具有相同的类型

2. 下列（　　　）组关键字是 Select 语句中不可缺少的。

　A. Select、From　　　　　　　　B. Select、Where

　C. From、Order By　　　　　　　D. Select、All

3. ADO 数据控件的基本属性中，（　　　）是必须定义的。

　A. ConnectionString 属性、ConnectionTimeout 属性

　B. ConnectionString 属性、RecordSource 属性

　C. ConnectionString 属性、MaxRecords 属性

　D. RecordSource 属性、ConnectionTimeout 属性

4. 使用 ADO 数据控件的 ConnectionString 属性与数据源建立连接信息，在属性页对话框中可以有（　　　）种不同的连接方式。

　A. 1　　　　　　　B. 2　　　　　　　C. 3　　　　　　　D. 4

5. 数据控件本身不能直接显示记录集中的数据，必须通过能与它绑定的控件来实现。要使绑定控件能被数据库约束，必须在设计或运行时对这些控件的两个属性进行设置，这两个属性是（　　）。

    A．DataSource 属性、DataField 属性

    B．RecordType 属性、DatabaseName 属性

    C．RecordSource 属性、DatabaseName 属性

    D．Connect 属性 、DataField 属性

6. 要使绑定控件能被数据库约束，必须在设计或运行时对这些控件的两个属性进行设置，其中，（　　）通过指定一个有效的数据控件连接到一个数据库上。

    A．DataSource 属性   B．DataField 属性

    C．DatabaseName 属性   D．Connect 属性

7. 数据绑定列表框 DBList 和下拉式列表框 DBCombo 控件中的列表数据通过属性（　　）从数据库中获得。

    A．DataSource 和 DataField   B．RowSource 和 ListField

    C．BoundColumn 和 BoundText   D．DataSource 和 ListField

8. 下列所显示的字符串中，字符串（　　）不包含在 ADO 数据控件的 ConnectionString 属性中。

    A．Microsoft Jet 3.51 OLE DB Provider   B．Data Source=C:\Mydb.mdb

    C．Persist Security Info=False   D．2-adCmdTable

9. SQL 语句"Select 编号, 姓名, 部门 From 员工 Where 部门='销售科' "是查询（　　）。

    A．部门   B．员工   C．数学系   D．编号、姓名、部门

10. 将一个文本框与数据控件绑定需要设置文本框的（　　）属性。

    A．RecordSource   B．DataSource

    C．DataSource 和 DataField   D．DataField

二、填空题

1. 一个数据库可以有＿＿＿＿＿＿＿表，表中的＿＿＿＿＿＿＿称为记录，表中的＿＿＿＿＿＿＿称为字段。

2. SQL 语句"Select 编号, 姓名, 部门 From 员工 Where 部门='销售科' "，所查询的表名称是＿＿＿＿＿＿＿。

3. 从"工资"表中查询所有"性别"为"女"的职工的"姓名"和"应发工资"，相应的 Select 语句为＿＿＿＿＿＿＿。

4. 使用 Adodc 控件之前，必须首先在"部件"对话框中选择＿＿＿＿＿＿＿选项，把它添加到工具箱中。

5. 通过设置 Adodc 控件的＿＿＿＿＿＿＿属性可以建立该控件到数据库的连接的信息。

6. 要使绑定控件能通过数据控件 Adodc11 连接到数据库上，必须设置控件的＿＿＿＿＿＿＿属性为＿＿＿＿＿＿＿，要使绑定控件能与有效的字段建立联系，则须设置控件的＿＿＿＿＿＿＿属性。

三、简答题

1. 举例说明记录、字段、表与数据库之间的关系。

2. 什么是 ADO？其主要属性包括哪些？

3. 简述使用 ADO 数据控件访问数据库通常需要经过哪些步骤？

附 录

ASCII 码（十进制）对照表

ASCII（American Standard Code for Information Interchange，美国信息互换标准代码）

ASCII 码	字符	ASCII 码	字符	ASCII 码	字符	ASCII 码	字符
0	NUL	32		64	@	96	`
1	SOH	33	!	65	A	97	a
2	STX	34	"	66	B	98	b
3	ETX	35	#	67	C	99	c
4	EOT	36	$	68	D	100	d
5	ENQ	37	%	69	E	101	e
6	ACK	38	&	70	F	102	f
7	BEL	39	'	71	G	103	g
8	BS	40	(	72	H	104	h
9	HT	41	)	73	I	105	i
10	LF	42	*	74	J	106	j
11	VT	43	+	75	K	107	k
12	FF	44	,	76	L	108	l
13	CR	45	-	77	M	109	m
14	SO	46	.	78	N	110	n
15	SI	47	/	79	O	111	o
16	DLE	48	0	80	P	112	p
17	DC1	49	1	81	Q	113	q
18	DC2	50	2	82	R	114	r
19	DC3	51	3	83	S	115	s
20	DC4	52	4	84	T	116	t
21	NAK	53	5	85	U	117	u
22	SYN	54	6	86	V	118	v
23	ETB	55	7	87	W	119	w

ASCII 码	字符	ASCII 码	字符	ASCII 码	字符	ASCII 码	字符
24	CAN	56	8	88	X	120	x
25	EM	57	9	89	Y	121	y
26	SUB	58	:	90	Z	122	z
27	ESC	59	;	91	[	123	{
28	FS	60	<	92	\	124		
29	GS	61	=	93	]	125	}
30	RS	62	>	94	^	126	~
31	US	63	?	95	_	127	DEL